land
Leben

CADMOS

Dorothee Dahl

Schafe

Ideale Weidetiere an
Haus und Hof

land
Leben

CADMOS

Impressum:
Landleben im Cadmos Verlag
Copyright © 2009 by Cadmos Verlag, Schwarzenbek
3. Auflage 2015
Gestaltung und Satz: Ravenstein + Partner, Verden

Coverfoto: Tierfotoagentur.de/Tzimopulos/Richter
Fotos im Innenteil: animals-digital.de, Cornelissen, Fritschy, Henke, JBTierfoto,
Koepke, Luhofer, Nau, Paikert, Pinnekamp, Raats, Schanz, Striepe, Teunis,
Tierfotoagentur, van Erp, Visser

Druck: Werbedruck GmbH Horst Schreckhase, Spangenberg

Deutsche Nationalbibliothek – CIP-Einheitsaufnahme
Die Deutsche Nationalbibliothek verzeichnet diese Publikation in der Deutschen
Nationalbibliografie; detaillierte bibliografische Daten sind im Internet über
http://dnb.ddb.de abrufbar.

Printed in Germany

ISBN: 978-3-86127-675-3

Inhalt

Einleitung 7

Schafe – mehr als Rasenmäher 8

So wurde das Schaf zum Haustier 9

Schafrassen 10

    Für die Hobbyschafhaltung
    besonders geeignete Rassen 10

    Liebhaberrassen 16

Wissenswertes vor der Anschaffung 23

Haltung 24

Herdentiere 25

Haltungsformen und Unterbringung 25

    Wie viel Platz brauchen Schafe? 25

    Weide 26

        Umzäunung 28

        Wechselbeweidung 29

        Andere Weidetiere 30

        Giftpflanzen 30

    Stall 31

        Standort und Größe 32

        Futter- und Liegeplätze 32

        Trennung und Gatter 32

Umgang mit Schafen 33

    Typisches Schafverhalten 33

    Einfangen und Hinsetzen 34

    Pflegen und Behandeln 36

Schafzucht 36

    Allgemeine Überlegungen 37

    Verpaarung 38

        Brunst 38

    Trächtigkeit 38

    Geburt 38

        Normale Geburt 39

        Probleme bei der Geburt 41

    Lämmeraufzucht 42

        Herdenaufbau oder Verkauf 43

        Schlachtung 44

Schafprodukte 44

Wolle 45

Fleisch 47

Milchprodukte 49

Fütterung 50

Wiederkäuer fressen anders 51

Was Schafe brauchen 52

    Wasser 53

    Lecksteine und Futterzusätze 54

    Sommerfütterung 54

        Gras 55

        Kraftfutter im Sommer 55

    Winterfütterung 56

        Heu 56

        Kraftfutter im Winter 58

    Frisches Zusatzfutter 58

Pflege und Gesundheit 59

Klauenpflege 60

Scheren 61

Wurmkur 62

Vorbeugung gegen Ektoparasiten 64

Impfung 65

Die Stallapotheke 65

Schafkrankheiten 66

    Krankheiten in der Lammzeit 67

    Moderhinke 69

    Parasitenbefall 70

    Pansenstörungen 71

    Darmerkrankungen 72

    Infektionskrankheiten 73

    Vergiftungen 75

Adressen rund ums Schaf 76

Danke 77

Stichwortregister 78

Schafe sind freundliche, neugierige Tiere, die das Leben
auf dem Land bereichern. Und sie sind manchmal ganz schön flott!
(Foto: JBTierfoto)

Einleitung

Das Leben auf dem Land liegt im Trend und viele Menschen suchen einen ruhigen Ort, an dem sie sich vom hektischen Alltag erholen können. Ist einmal das ländliche Domizil gefunden, richtet man sich häuslich ein und entdeckt, welche Möglichkeiten das Leben im Grünen bietet. Es steckt zwar viel Arbeit dahinter, Haus und Hof zu pflegen und zu unterhalten, man merkt aber schnell, wie gut es tut, draußen tätig zu sein und sich mit Tieren und Pflanzen zu beschäftigen.

Wer eine Wiese hat, muss mähen, deshalb entscheiden sich viele Menschen für Schafe als lebendige Rasenmäher. Eine Entscheidung, die sie sicher nicht bereuen, wenn sie die Bedürfnisse der wolligen Vierbeiner berücksichtigen, sie artgerecht versorgen und lernen, mit diesen relativ großen Tieren richtig umzugehen. Wer glaubt, ein Vorgarten oder eine winzige Weide reiche für Schafe aus, wird den munteren und bewegungsfreudigen Wollknäueln allerdings nicht gerecht. Dieses Buch erklärt alles, was man wissen muss, um Schafe richtig zu halten, und zeigt, dass sie mehr sind als lebendige Rasenmäher: freundliche, neugierige und interessante Tiere, die das Leben auf dem Land bereichern.

Jedes Schaf ist ganz sicher mehr als ein „Rasenmäher" – es ist eine Persönlichkeit! (Foto: Paikert)

Schafe – mehr als Rasenmäher

Schafe spielen schon seit Tausenden von Jahren eine Rolle im Leben der Menschen. Sie zählen zu den ältesten Haustieren und sind für Menschen, die von der Schafhaltung leben, nicht nur Lebensgrundlage, sondern auch Lebensinhalt. Bei Menschen, die in ein Haus auf dem Land gezogen sind, weil sie das Landleben so lieben, hat die Schafhaltung meist als Hobby Einzug gehalten.

Manchmal sind es nur zwei bis drei Tiere, mit denen nicht selten der Aufbau einer eigenen kleinen Herde am Haus beginnt. Zu dem positiven Aspekt des „Rasenmähens" kommt dann meist noch viel mehr hinzu: die Freude an der Schafhaltung im Kleinen und der Ausgleich, den dieses Hobby im oftmals hektischen Alltag bietet.

So wurde das Schaf zum Haustier

Urahnen unserer Hausschafrassen sind das Mufflon und der Arkal. Daraus sind schon vor vielen Tausend Jahren Schafrassen entstanden, die im nahen Zusammenleben mit Menschen als domestizierte Haustiere vielfältigen Ertrag brachten. Zu Beginn war vor allem das Fleisch das wichtigste Produkt, das zum Lebensunterhalt beitrug. Erst später kam die Nutzung der Wolle hinzu.

Wildschafe, deren Nachkommen es noch heute gibt, sind Schafe, die nicht geschoren werden, sondern die ihr dünneres Fell im Frühjahr von selbst verlieren. Sie unterscheiden sich auch vom Verhalten her und sind beispielsweise viel flüchtiger als ihre dickwolligen Verwandten, die auf einen hohen Wollertrag gezüchtet worden sind und deshalb einmal im Jahr geschoren werden müssen. Das Merinoschaf mit seiner besonders feinen Wolle wurde im Mittelalter gezüchtet, eine Zeit, in der die Herstellung feiner Stoffe Hochkonjunktur hatte. Die Wanderschafhaltung hat deutlich abgenommen, gewinnt hierzulande aber in ökologischen Beweidungsprojekten mit dem Ziel der Landschaftspflege wieder an Bedeutung. Hobbyschafhaltung dagegen ist in den meisten Fällen Koppelhaltung am Haus, für die es andere Dinge zu beachten gibt, als wenn man mit Schafen unterwegs ist.

Schafrassen

Es gibt viele verschiedene Schafrassen, die in den jeweiligen Ursprungsländern meist aufgrund der Nutzungsanforderungen sowie der Haltungsbedingungen entstanden sind, bei denen auch das Klima eine große Rolle spielt. So gibt es noch sehr ursprüngliche Landschafrassen, aber es sind dies Rassen, die für eine optimale wirtschaftliche Nutzung als Woll- oder Fleischschaf gezüchtet worden sind.

Allgemeine Einteilung der Schafrassen

- Landschafe
- Bergschafe
- Fleischschafe
- Milchschafe
- Haarschafe
- Merinoschafe

Die Bezeichnungen geben Auskunft über den Lebensraum oder die vornehmliche Nutzung der Tiere.

In diesem Buch kann nicht auf alle Rassen eingegangen werden, es werden vor allem die genannt, die sich für die Hobbyschafhaltung besonders eignen. Außerdem werden Rassen beschrieben, die sich in den letzten Jahren zu ausgesprochenen Liebhaberrassen bei denen entwickelt haben, die Schafe vor allem deshalb halten, weil sie Freude daran haben.

Für die Hobbyschafhaltung besonders geeignete Rassen

Hält man Schafe als Hobby in kleinem Rahmen an Haus und Hof, sollte man sich für eine Rasse entscheiden, die keine außergewöhnlichen Haltungsbedingungen erfordert, pflegeleicht ist und mit der ein einzelner Mensch auch ohne Hilfe leicht umgehen kann.

Die im Folgenden genannten Schafrassen haben sich für diese Haltungsform bewährt und erfreuen sich unter Hobbyschafhaltern großer Beliebtheit. Sie unterscheiden sich nicht nur rein äußerlich, sondern auch bezüglich der Pflege und des Charakters.

Ouessant-Schaf

Das Ouessant-Schaf zählt zu den kleinsten Schafen der Welt. Es stammt ursprünglich aus der Bretagne und wird deshalb auch als Bretonisches Schaf bezeichnet. Diese kleine Rasse eignet sich für Anfänger aufgrund der Größe und der geringen Ansprüche, die

Das ist Dagobert, ein besonders hübscher Ouessant-Schafbock in der selteneren Farbe Braun. Gemessen an den Beinen der Besitzerin kann man sehen, wie klein diese Rasse ist.
(Foto: Striepe/www.ouessant.de)

Klein und fein:
eine Ouessant-Herde mit
dem klangvollen
Nachnamen „vom Eulenhof".
(Foto: Henke/
www.ouessant.de)

diese Schafe stellen, ganz besonders. Die ursprüngliche Farbe der Ouessant-Schafe ist schwarz, für die
Zucht zugelassen sind braun, weiß und schimmel-
farben. Ouessant-Schafe sind sehr genügsam und
kommen auch mit relativ kleinen Weiden aus. Wenn
genügend Weidefläche zur Verfügung steht, ist eine
Zufütterung nur im Winter erforderlich. Die Tiere müssen einmal jährlich geschoren werden und haben für
ihre geringe Größe relativ viel Wolle.

 ## Zwartbles-Schaf

Das Zwartbles-Schaf stammt aus den Niederlanden
und eignet sich ebenfalls sehr gut für die Hobbyschafhaltung. Die Schafe sind im Vergleich zu den Oues-
sant-Schafen recht groß, trotzdem ist es nicht schwer,
mit ihnen umzugehen, außerdem werden sie sehr zutraulich. Auch diese Schafrasse ist sehr robust und
eignet sich für alle Haltungsformen. Von den Ansprü-
chen her sind sie am ehesten mit Milchschafen zu

Zwartbles-Schafe sind
Hochleistungstiere, die
besondere Ansprüche
an Fütterung und Haltung
stellen. Trotzdem eignen
sich die zutraulichen
Tiere auch für die
Hobbyschafhaltung.
(Foto: Luhofer)

Bentheimer Schafe
sind ruhig und werden
leicht zahm.
(Foto: Fritschy)

vergleichen, da sie auch als Hochleistungstiere gezüchtet sind und damit höhere Ansprüche an Fütterung und Haltung stellen als zum Beispiel die Ouessant-Schafe. Bei dieser fruchtbaren Schafrasse mit häufigen Mehrlingsgeburten ist das Ablammen meist unproblematisch. Trotzdem müssen Sie in der Lammzeit zur Stelle sein, um eingreifen zu können, wenn es erforderlich sein sollte. Zwartbles-Kenner raten, die Tiere trotz ihrer Frühreife erst im zweiten Jahr decken zu lassen. Zwartbles-Schafe sind sehr hübsche schwarze Schafe mit weißer Blesse, weißen Fesseln und einer weißen Schwanzspitze. Bei älteren Tieren tendiert die Farbe eher zu Graumeliert. Die irische Rasse Balwen Welsh Mountain ähnelt den Zwartbles-Schafen sehr, die Tiere sind aber etwas kleiner und haben einen weißeren Schwanz. Die männlichen Tiere der Balwen-Welsh-Mountain-Schafe sind im Gegensatz zu den Zwartbles-Schafen gehörnt.

Bentheimer Landschaf

Diese hornlose Rasse ist aus einer Kreuzung zwischen Heideschaf und Marschschaf entstanden. Sie eignet sich auch für die Haltung auf feuchteren Böden mit relativ hohem Grundwasserstand, trotzdem müssen die Tiere unbedingt auch trockene Liegeflächen zur Verfügung haben. Die Schafe sind recht groß, jedoch ruhig, gut zu handhaben und werden auch erstaunlich zahm. Kennzeichnend sind der schwarze Augenring und die schwarzen Spitzen an den Ohren. Bentheimer Landschafe haben einen langen bewollten Schwanz, sehr lange Ohren und feine weiße Wolle von sehr guter Qualität.

Coburger Fuchsschafe fallen vor allem durch die rötliche Farbe am Kopf auf. (Foto: Fritschy)

 ## Coburger Fuchsschaf

Eine wunderschöne rötliche Farbe, die vor allem am Kopf und an den unbewollten Beinen erkennbar ist, kennzeichnet diese mittelgroße, schöne Schafrasse. Die Lämmer haben ebenfalls den roten Farbton, der bei älteren Schafen zu einem goldenen Schimmer wird. Die hornlosen Coburger Fuchsschafe sind robust und widerstandsfähig und eignen sich gut für die Haltung am Haus. Die feine Wolle lässt sich gut verspinnen, stricken, aber auch filzen.

 ## Heidschnucke

Heidschnucken sind sehr ursprünglich, genügsam und pflegeleicht. Die kurzschwänzigen Tiere waren früher fast ausschließlich für die Vegetationspflege in Heidegebieten zuständig, sind inzwischen aber auch in anderen Landschaften weitverbreitet. Sie sind anspruchslos und pflegeleicht. Ihre meist strähnige grobe Wolle eignet sich nicht für das Verspinnen, die Herstellung von robusten Matten und Teppichen ist aber gut möglich. Es gibt Heidschnucken

Die Weiße Gehörnte Heidschnucke ist eine der Heidschnuckenarten. Dieses Muttertier hat ein beschädigtes Horn. Dies kann durch äußere Einflüsse geschehen, aber auch Folge einer Wachstumsstörung des Horns sein. (Foto: Tierfotoagentur)

ohne Hörner, wie die Weiße Hornlose Heidschnucke, auch Moorschnucke genannt, die in Feuchtgebieten gut leben kann. Zwei Varianten haben schöne schneckenförmige Hörner: die Weiße Gehörnte Heidschnucke und die Graue Gehörnte Heidschnucke.

Skudde

Diese relativ kleine ursprüngliche Schafrasse stammt aus Nordeuropa und ist sehr genügsam. Die Erscheinungsform kann unterschiedlich sein, weil man sich über längere Zeit dem züchterischen Bild dieser Rasse weniger gewidmet hat. Die Tiere sind sehr leichtfuttrig, nehmen aber auch nicht besonders schnell zu, sodass sie sich für eine wirtschaftlich orientierte Schafhaltung weniger eignen. Skudden sind auch für extreme Wetterverhältnisse ziemlich unempfindlich, benötigen jedoch immer einen Ort, wo sie sich vor Regen und Wind schützen können. Der Geschmack des Fleisches ähnelt dem von Wild. Die Skuddenböcke haben wunderschöne gedrehte Hörner, die weiblichen Tiere sind hornlos.

Die männlichen Tiere dieser recht kleinen Schafrasse haben auffallend gedrehte Hörner. Es ist aber darauf zu achten, dass die Hörner die Futteraufnahme der Tiere nicht behindern. (Foto: Tierfotoagentur/CS)

Scottish Blackface

Scottish-Blackface-Schafe stammen aus dem schottischen Hochland und sind sehr robust. Die Rasse ist schon sehr alt und zeigt drei verschiedene Typen mit unterschiedlicher Größe, Wolllänge und Wollqualität.

Typisch für das Scottish Blackface sind das schwarze oder schwarz-weiß gefleckte Gesicht, die grobe weiße Wolle und die eindrucksvollen Hörner. (Foto: animals-digital.de)

In Deutschland, Österreich und der Schweiz findet sich in den Herdbuchzuchten meist der mittelgroße Typ mit langer, grober Wolle, die sich für die Herstellung von Teppichen, aber auch für das Weben von kräftigen Tweedstoffen eignet. Sowohl die männlichen als auch die weiblichen Tiere sind gehörnt. Die Schafe haben reinweiße Wolle und den typischen schwarzen oder schwarz-weiß gefleckten Kopf sowie schwarz-weiß gefleckte Beine. Diese Rasse ist wenig krankheitsanfällig und sehr genügsam, sie eignet sich gut für die Haltung in kleineren Gruppen an Haus und Hof, aber auch für die Landschaftspflege in größerem Rahmen.

Die besondere Eigenschaft der
Black-Welsh-Mountain-Schafe ist die feine dunkle
Wolle, die sich sehr gut zum Spinnen eignet.
(Foto: Paikert)

Black-Welsh-Mountain-Schaf

Dieses widerstandsfähige Bergschaf aus Wales
macht seinem Namen alle Ehre, es ist nämlich von
Kopf bis Fuß pechschwarz, auch wenn die Wolle vor
der Schur und bei älteren Tieren an der Oberfläche
einen braunen oder grauen Schimmer hat. Sogar die
Innenseite des Mauls und die Zunge sind schwarz.
Das Black-Welsh-Mountain-Schaf ist sehr widerstandsfähig gegen Krankheiten und kann auch in
rauem Klima gut leben. Diese Rasse ist spätreif und
wirft erst im zweiten Lebensjahr Lämmer. Die männlichen Tiere haben wunderschön geschwungene
Hörner und eine deutliche Ramsnase.

Ryeland-Schaf

Ryelands sind sehr anhängliche Schafe mit einem
komplett bewollten Körper. Sie eignen sich gut für
die Hobbyschafhaltung, da sie sehr ruhig, freund-
lich und verträglich sind. Diese Schafe haben wenig Probleme bei der Geburt und sind auch sonst

gesund und widerstandsfähig. Die Wolle hat eine
hervorragende Qualität und eignet sich gut zum Verspinnen. Da die Wolle weiß ist, kann man sie ohne
Probleme färben. Es gibt auch einige schwarze und
braune Ryelands, die sich züchterisch aber bisher

Das ist Prada, eine etwas seltenere
braune Version ihrer Rasse.

Hier ein noch nicht so stark
bewolltes weißes Ryeland-Lamm.
(Fotos: Visser)

Beim Muttertier dieser Kamerunschafe sieht man auf dem Rücken noch den Rest der Unterwolle. Diese Schafrasse verliert die Wolle und braucht nicht geschoren zu werden. (Foto: Tierfotoagentur/CS)

nicht durchgesetzt haben. Man ist sich über ihre Herkunft nicht ganz sicher; es gibt eine Theorie, die besagt, dass sie von Merinos abstammen, die spanische Eroberer mit nach England nahmen. Eine andere Geschichte geht davon aus, dass die Rasse aus Kreuzungen entstanden ist und bereits im zwölften Jahrhundert in Herefordshire in England bekannt wurde.

Kamerunschaf

Eine elegante Zwergschafrasse, die aus Westafrika stammt und nicht geschoren wird. Die kastanienfarbenen, sehr hübschen Tiere verlieren im Frühjahr ihre Unterwolle, die sich als Kälteschutz unter ihren Haaren bildet. Kamerunschafe sind recht scheu und lassen sich schlecht einfangen. Sie haben eine asaisonale Brunst und können des-

halb zweimal im Jahr Lämmer zur Welt bringen. Für den etwas erfahreneren Schafhalter ist das Kamerunschaf eine Rasse, die vor allem schön anzusehen und pflegeleicht ist. Da diese Tiere ziemlich hoch springen können, empfiehlt es sich, eine nicht zu niedrige Umzäunung anzubringen.

Liebhaberrassen

Der Erhalt vom Aussterben bedrohter Schafrassen kann ebenso wie die Freude an einem besonders schönen Aussehen oder einer interessanten Herkunft der Tiere Grund für die Haltung von Liebhaberrassen sein. Hier spielt die Wirtschaftlichkeit eine untergeordnete Rolle, da es sich oft um Rassen handelt, die schwer zu bekommen sind und deren Zucht wenig Brot abwirft. Da bei der Hobbyschafhaltung aber der Ausgangspunkt in den meisten Fällen doch die Freude an den Tieren ist, kann man sich mit etwas Erfahrung auch an einige besondere Liebhaberrassen heranwagen.

Im Folgenden werden einige Schafrassen genannt, die man nicht auf jeder Weide sieht, deren Zucht und Erhalt aber wünschenswert ist und ein ganz besonderes Hobby darstellt.

Schafrassen überhaupt und gehört zu den Urrassen der Bergschafzucht. Leider steht es auf der Roten Liste der vom Aussterben bedrohten Haustierrassen und ist nur noch hier und da in kleiner Population zu finden. Es gibt verschiedene Steinschaftypen: das Tiroler Steinschaf, das Montafoner Schaf, das Krainer Steinschaf und das Steinschaf des alten bayerischen Typs. Diese Schafe kommen in allen Wollfarben vor, meist sind sowohl die männlichen als auch die weiblichen Tiere behornt.

Alte Schafrassen schützen

Die Gesellschaft zur Erhaltung alter und gefährdeter Haustierrassen in Deutschland, die Arche Austria in Österreich und die Stiftung ProSpecieRara in der Schweiz haben sich das Ziel gesetzt, gefährdete Rassen in lebenden Tierbeständen zu erhalten. Die Tiere werden systematisch vermehrt, damit der Bestand steigt und die Artenvielfalt erhalten bleibt. Wer diese Initiative unterstützen möchte, sollte sich überlegen, ob nicht eine der gefährdeten Schafrassen für den Aufbau der eigenen Herde infrage kommt. Die Internetadressen finden Sie im Anhang dieses Buches.

Klettern können sie gut, die alpinen Steinschafe.
(Foto: animals-digital.de)

Steinschaf

Das freundliche und anspruchslose alpine Steinschaf ist ein kleines bis mittelgroßes widerstandsfähiges Hochgebirgsschaf. Es zählt zu den ältesten

Gotlandschaf

Gotlandschafe sind ursprünglich die Nachkommen der Karakulschafe, die die Wikinger bei ihren Eroberungsfeldzügen auf der schwedischen Insel Gotland zurückließen. Die Inselbewohner kreuzten die Karakulschafe mit Gute-Får-Schafen, und das Gotlandschaf entstand. Es lieferte wunderschöne warme

Eine Herde
geschorener Gotlandschafe.
(Foto: Teunis/www.gutefar.nl)

Die wunderschöne kräuselige Wolle der
Gotlandschafe wird, ebenso wie die Felle, für
die Kleidungsherstellung verwendet.
(Foto: Koepke)

Pelze, mit denen sich die Gotlandschafe in den eisigen Wintern schützten, und besonders schmackhaftes Fleisch. Die Wolle ist gekräuselt und hat eine hell- bis dunkelblaugraue Farbe mit einer glänzenden seidenartigen Haarqualität. Die Zucht von Gotlandschafen mit hervorragendem Pelz ist nicht einfach, macht aber Spaß, da die Tiere sehr munter sind und so anhänglich wie Hunde werden können.

Merinoschaf

Auch diese ursprünglich spanische Schafrasse hat eine wunderbare, sehr feine Wolle, die sich besonders für die Herstellung von Kleidung eignet. Die Haltung ist nicht ganz einfach, zum einen, weil diese Schafrasse Probleme mit allzu feuchtem Klima bekommen kann, zum anderen, weil Merinoschafe nicht besonders fruchtbar sind. Im Lauf der Zuchtentwicklung ist diese ursprünglich recht kleine Schafrasse immer größer geworden. Die Böcke

Ein wunderschöner Merinoschafbock in voller Wolle. (Foto: van Erp/ www.schapenpark.nl)

haben Hörner, die weiblichen Tiere nicht. Man unterscheidet zwischen dem Merinolandschaf, dem Merinofleischschaf und dem Merinolangwollschaf.

 ## Herdwick-Schaf

Vermutlich von den Wikingern aus Norwegen nach England gebracht, findet man diese Rasse heute vor

Herdwicks sind freundliche Schafe, die relativ zahm werden können. (Foto: Paikert)

allem noch im britischen Lake District. Der Name ist auf das norwegische Wort Herd-vik zurückzuführen, was so viel wie Schaffarm bedeutet. Herdwick-Schafe werden schwarz geboren, dann verändert sich die Wollfarbe im Lauf der Jahre, bleibt die längste Zeit aber grau meliert. Herdwicks sehen mit ihrer sehr dicken wasserdichten Wolljacke aus wie Teddys, außerdem „lächeln" sie immer. Sie sind sehr robust und unkompliziert, für den Anfänger im Umgang unter Umständen nicht ganz einfach, weil auch die weiblichen Tiere recht kräftig sind. Herdwick-Schafe können relativ zahm werden und brechen selten aus. Sie sind spätreif und werden erst im zweiten Jahr gedeckt, können aber weit über zehn Jahre alt werden.

 ## Jakobsschaf

Die männlichen Tiere dieser sehr alten Schafrasse beeindrucken meist durch vier oder sogar sechs lange Hörner und ihre interessante Farbmischung, die aus etwa 60 Prozent Weißanteil und etwa 40 Prozent Schwarz oder Braun besteht. Die weiblichen Tiere haben meist zwei Hörner, es gibt auch gänzlich unbehornte Jakobsschafe. Die Schafe haben ihren Namen einer biblischen Geschichte zu verdanken.

Man weiß nicht genau, woher diese Schafe stammen, hat aber bei Ausgrabungen in Persien, Syrien, Spanien, Italien und Island Schädel dieser Tiere gefunden. Jakobsschafe sind sehr genügsam und sollten nicht zu fette Weiden zur Verfügung haben. Sie sind relativ unkompliziert in der Haltung, es kann

Herdwick-Böcke werden sehr groß und haben beachtliche Hörner.
(Foto: Fritschy)

Jakobsschafe haben imposante Hörner ...
(Foto: Fritschy)

... und eine interessante Zeichnung.
(Foto: Paikert)

aber vor allem in der Wachstumsphase zu Problemen mit den Hörnern kommen. Die Hörner wachsen unter Umständen so, dass die Tiere kein Futter mehr aufnehmen können.

 ## Soay-Schaf

Das Soay-Schaf ist eine der urtümlichsten Schafrassen. Die zähen Tiere sind klein, widerstands-

fähig gegen Krankheiten und haben eine Farbe, cie der des wild lebenden asiatischen Mufflons, cem Urvater aller Schafrassen, ähnelt. Soay-Schafe werden nicht zahm, sie bleiben immer extrem füchtig und sind deshalb für Anfänger in der Schafhaltung weniger geeignet. Wer aber ein wenig Erfahrung und genug Platz hat, wird viel Freuce an diesen hübschen und sehr pflegeleichten Schafen haben, deren Fleisch eine Delikatesse ist.

Auch Soay-Schafe werfen ihre Haare im Frühjahr ab, sodass man sie nicht zu scheren braucht.
(Foto: animals-digital.de)

Soay-Schafe gehören zu den Haarschafrassen und werfen ihre Haare im Frühjahr ab, sodass man sie nicht zu scheren braucht. Sie haben besonders schöne gedrehte Hörner.

 Blauschaf

Für alle, die Haus und Garten mit Schafen schmücken wollen, aber wenig Zeit für die Pflege haben, eignet sich diese einzigartige Rasse ganz besonders

Dies ist die pflegeleichteste Schafrasse aus der Blauschäferei Bonk. Sie eignet sich hervorragend für den Vorgarten oder die Terrasse.
(Foto: Fritschy)

gut. Die mittelgroßen Tiere sind ausgesprochen zutraulich, brauchen nicht geschoren zu werden und auf den Arm nehmen kann man sie auch. Die Adresse des einzigen Züchters finden Sie im Anhang dieses Buches.

Wissenswertes vor der Anschaffung

Das Schaf ist ein Herdentier und sollte niemals allein gehalten werden. Deshalb ist der zur Verfügung stehende Platz ein wichtiges Kriterium bei der Entscheidung zur Schafhaltung. Häufig wird die Größe der Weide und des erforderlichen Stalls in Bezug auf die Bedürfnisse des Schafes überschätzt. Ein Rasen hinterm Haus reicht nicht aus, auch wenn man nur zwei Schafe halten will. Es muss die Möglichkeit zur Wechselbeweidung geben und auch der Auslauf für die bewegungsfreudigen Tiere muss artgerecht sein. Zugrunde legen kann man den Mittelwert von etwa zwölf Schafen pro Hektar, je nach Größe und Futterbedarf der Tiere.

Schafe brauchen einen Stall, in dem sie trocken liegen können. Gleichzeitig sollte der Stall auch die Möglichkeit bieten, Schafe auf kleinem Raum einzufangen. Dies ist für die regelmäßige Kontrolle und Behandlung auch gesunder Schafe unabdingbar. Außerdem muss die Möglichkeit bestehen, Futtermittelvorräte in ausreichender Menge trocken zu lagern. Bei wenigen Schafen eignet sich dafür unter Umständen ein abgetrennter Raum im Schafstall selbst oder der Teil einer Garage. Dabei muss aber gewährleistet sein, dass Autoabgase und Futtermittel nicht miteinander in Berührung kommen.

Schafe machen mehr Arbeit als ein Rasenmäher, den man im Winter in die Ecke stellt. Sie sollten sich also vor Anschaffung der Tiere überlegen, wie viel Zeit Sie täglich und bei Wind und Wetter für Ihre Schafe aufwenden wollen. Zu bedenken ist außerdem, ob man ausschließlich weibliche Schafe (die auch Zibben, Auen oder Muttern genannt werden) halten will oder seine Herde durch einen Bock ergänzt, um zu züchten.

Zeitaufwand Schafe

Zwei bis zehn Schafe erfordern durchschnittlich drei Stunden Arbeit pro Woche. In der Lammzeit und bei Krankheiten ist ein zeitlicher Mehraufwand mit einzuplanen. Tagsüber muss eine Kontrolle organisiert werden, wenn man arbeitet.

Auch die Kosten sollten im Vorfeld bedacht werden. Je nach Anzahl der Schafe können sich Anschaffungs-, Futter- und Tierarztkosten summieren.

Wichtige Fragen sind außerdem: Wer versorgt die Tiere verlässlich, wenn Sie nicht da oder krank sind? Wer kann Ihnen bei der Pflege helfen? Wer kennt sich mit Dingen wie Einfangen und Hinsetzen, Klauenpflege, Schafschur und anderen Arbeiten rund ums Schaf aus?

Schafe brauchen einen Stall oder einen Unterstand, wo sie vor Wind und Wetter geschützt sind.
(Foto: Fritschy)

Haltung

Eine gut organisierte Schafhaltung kommt den Tieren zugute und
spart Zeit. Auch wenn sich die Haltungsbedingungen nach den
Bedürfnissen der jeweiligen Rasse in manchen Punkten unterscheiden,
so gibt es doch grundsätzliche Vorgaben, nach denen man sich
richten kann.

Herdentiere

Niemals vergessen sollte man die Tatsache, dass Schafe sozial lebende Herdentiere sind. Sie sind außerdem Fluchttiere, deren Urtrieb es ist, zusammen mit Artgenossen vor Gefahren zu flüchten. Die Einzelhaltung eines Schafs ist daher nicht artgerecht. Auch eine regelmäßige Beschäftigung mit dem Schaf ersetzt keine Artgenossen. Wer nicht viel Platz hat, kann seine Herde auf zwei Tiere beschränken. Bei der Haltung eines männlichen Tiers kann es erforderlich werden, es von den weiblichen Tieren zu trennen. Dies sollte aber nicht über einen längeren Zeitraum geschehen.

Haltungsformen und Unterbringung

Hobbyschafhalter sind in den meisten Fällen sogenannte Koppelschäfer, das heißt, ihre Schafe leben auf umzäunten, abgegrenzten Wiesen. Diese müssen nicht zwangsläufig direkt am Haus liegen, sondern können in Absprache mit Bauern, Förstern oder Naturschutzorganisationen auch als Nachweidekoppeln oder in Begrasungsprojekten in der Umgebung liegen. Wer sich für diese Art der Schafhaltung entscheidet, muss sich aber im Klaren darüber sein, dass dies mehr ist als ein Hobby. Die Schafe können nicht einfach irgendwo platziert und dann einmal täglich kontrolliert werden. Die Koppeln müssen umgesetzt, die Schafe regelmäßig beigefüttert, mit Wasser versorgt und kontrolliert werden. Die Gefahr, dass etwas Unvorhergesehenes passiert, während man bei der Arbeit ist und nicht sofort zur Stelle sein kann, ist für den Hobbyschäfer ein zu großes Risiko, außerdem übersteigt der Aufwand meist das, was man einzusetzen bereit ist. Deshalb entscheiden sich die meisten auch für eine oder mehrere Wiesen am Haus.

Wie viel Platz brauchen Schafe?

Der Platzbedarf ist abhängig von der Rasse und Größe der Schafe. Man kann auf einem Hektar mehr

Tiere einer kleineren Rasse unterbringen als einer größeren. Hinzu kommt die Flüchtigkeit der Schafe. Die ursprüngliche Rasse der Soay-Schafe hat beispielsweise einen stärker ausgeprägten Fluchtinstinkt als die stark domestizierten Texelschafe. Kleine Rassen können mit mehr Schafen auf einen Hektar als große Rassen. Zwölf Schafe pro Hektar können hier als Ausgangspunkt genommen werden. Bedacht werden muss auch, ob das Futter von den eigenen Weiden gewonnen wird.

Auch was den Stallraum betrifft, kann der Bedarf je nach Rasse unterschiedlich sein. Es spielt eine Rolle, ob die Rasse zahm wird oder recht scheu bleibt. Rassen mit Hörnern, wie zum Beispiel Jakobsschafe oder Heidschnucken, benötigen mehr Raum als Schafe, bei denen die weiblichen Tiere von Na-

tur aus keine Hörner haben. Für Futterkrippe und Heuraufe benötigt man bei gehörnten Schafen deutlich mehr Platz.

Weide

Wenn genügend Platz vorhanden ist, können Schafe im Sommer und im Winter auf der Weide laufen. Dabei ist die Bodenbeschaffenheit und die Qualität des Grases von großer Wichtigkeit. Zum einen enthalten nicht alle Bodensorten die Mineralstoffe, die ein Schaf benötigt; zum anderen können Weiden, die durch ihre Lage und ihre Entwässerung sehr feucht werden, für eine Beweidung im Herbst und Winter ungeeignet sein. Es gibt sogar einige Schafrassen, die zwar wunderschön aussehen, jedoch keinerlei Feuchtigkeit auf

Je nach Rasse und Größe benötigen Schafe mehr oder weniger Platz. (Foto: Paikert)

ihrem Weidegrund vertragen können. Überprüfen Sie deshalb immer erst die Bodenqualität, bevor Sie sich für eine Rasse entscheiden. Einem Mineralstoffmangel kann man durch die Gabe eines Minerallecksteins oder einer Leckschale entgegenwirken. Bitte achten Sie darauf, dass die Schafe immer Zugang zu der Schale oder dem Stein haben.

Eine Schafweide sollte nicht zu stark gedüngt werden. Wenn Sie ganz sichergehen wollen, dann entnehmen Sie einmal jährlich eine Bodenprobe und lassen sich damit bei der Landwirtschaftskammer oder der Landwirtschaftlichen Warengenossenschaft bezüglich einer sinnvollen Düngung beraten.

Ein Salzleckstein, der für Schafe keinen oder nur ganz wenig Kupfer enthalten darf, sollte auch auf der Weide immer für die Schafe zugänglich sein.
(Foto: Paikert)

Praktizierter Naturschutz durch Schafbeweidung

Vielleicht fragen Sie sich, was Steinkauze mit Schafen zu tun haben? Mehr als Sie möglicherweise denken.
(Foto: Schanz)

Die Beweidung alter Obstwiesen mit Schafen hat einen positiven Nebeneffekt für die Ansiedlung des vom Aussterben bedrohten Steinkauzes. Wenn Obstwiesen extensiv mit Schafen beweidet werden, werden die nötigen Voraussetzungen für die nest-nahe Nahrungsaufnahme dieser Vogelart geschaffen. Hohe Grasbestände eignen sich nicht für die Nahrungssuche des Steinkauzes; durch extensive Beweidung strukturreich gestaltete artenreiche Flächen dagegen bieten optimale Voraussetzungen. Durch die extensive Schafbeweidung werden die Obstweiden für den Steinkauz (und andere auf den Lebensraum Obstweide angewiesene Arten) optimiert und ein wichtiger Beitrag zur Erhaltung der Steinkauzpopulation geleistet. Weiterhin kann der Lebensraum des Steinkauzes auch durch Anpflanzung von Kopfbäumen und die Anlage von Gehölzstreifen am Rand von Obstwiesen aufgewertet werden. Optimal ist die Anpflanzung einer Hecke an den Wiesenrändern, die als Windschutz dient, damit einen Lebensraum für Nahrungsinsekten des Steinkauzes darstellt und zusätzlich anderen heckenbewohnenden Tierarten zugutekommt. Informationen zu Förderprogrammen erhalten Sie bei den Naturschutzorganisationen in Ihrer Region.

In aufgerolltem Zustand lassen sich die Weidenetze gut transportieren und aufbewahren. Auf diesem Foto ist die Maschenanordnung gut zu erkennen. Die Maschen sind unten enger, sodass auch Lämmer nicht durchschlüpfen können. (Foto: Fritschy)

Umzäunung

Wiesen, auf denen Schafe weiden, müssen ausbruchsicher und tiergerecht eingezäunt sein. Stacheldraht ist tierschutzwidrig und sollte niemals als Umzäunung verwendet werden. Glatter Draht, auch mit Stromlitze, hält neugierige Schafe nicht davon ab, auch mal zu schauen, ob das Gras auf der anderen Seite nicht grüner ist. Ein guter Schafdraht mit sogenanntem Knotengitter ist hier das Mittel der Wahl. Es gibt unterschiedliche Qualitäten, die sich in Drahtdicke und Raster unterscheiden. Der zusätzliche Preis und Aufwand für den dickeren Schafdraht lohnt sich, da dieser bedeutend länger hält.

Wenn man Lämmer halten will, benötigt man einen Zaun, bei dem das Raster im unteren Bereich engmaschiger ist als weiter oben. Ich empfehle, von Anfang an die dicke Qualität mit den engen Maschen im unteren Bereich zu verwenden, um für alle Eventualitäten gerüstet zu sein. Auch ein starker Schafbock braucht eine feste, gute Umzäunung, vor allem für die Zeit, in der er nicht zu seinen Damen darf.

Da Schafe gern ihre Köpfe durch die Maschen stecken oder sich am Schafdraht reiben, um sich zu kratzen, ist es sinnvoll, je nach Größe der Schafe auf etwa 40 Zentimeter Höhe eine Stromlitze anzubringen. Als Alternative muss dann eine andere Möglichkeit zur Verfügung stehen, an der sich die Schafe kratzen können. Dies kann ein dicker Holzpfahl oder auch eine Bürste oder ein fest angebrachtes Brett im Stall sein.

Weidezaunpfähle gibt es in unterschiedlichen Holzsorten. Eichenpfähle sind etwas teurer, passen sich aber schön der Landschaft an und halten besonders lang. Wer nicht so tief in die Tasche

greifen will, entscheidet sich für runde oder ecki-
ge Holzpfähle. Bezüglich einer Imprägnierung der
Pfähle im Bereich, der in den Boden eingebracht
wird, empfiehlt es sich, die örtlichen Bestimmungen zu beachten und sich beraten zu lassen. In Na-
tur- und Wasserschutzgebieten ist die Verwendung
imprägnierter Pfähle beispielsweise nicht erlaubt.

Zusätzlich zur normalen Umzäunung sollte man
auch als Hobbyschafhalter immer einige transportable Weidenetze zur Verfügung haben, mit denen
man eine Weide portionieren oder Schafgruppen
voneinander trennen kann. In Kombination mit einem guten Weidezaungerät kann man die Schafe
so auch Flächen beweiden lassen, an denen eine
dauerhafte Umzäunung nicht möglich ist. Die Auf-
stellung der Weidenetze ist nicht schwer und kann
von einer Einzelperson bewerkstelligt werden. Beim
Abbau müssen die Netze gerollt werden, was zu
Beginn einige Übung erfordert. Wenn man einmal
gelernt hat, mit den Netzen umzugehen, möchte
man sie nicht mehr missen. Kontrollieren Sie alle
Umzäunungen regelmäßig.

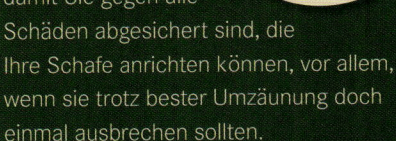

Schafversicherung

Schafe müssen versi-
chert sein. Bitte er-
kundigen Sie sich
bei Ihrer Versiche-
rung, was für Ihre
Tiere erforderlich ist,
damit Sie gegen alle
Schäden abgesichert sind, die
Ihre Schafe anrichten können, vor allem,
wenn sie trotz bester Umzäunung doch
einmal ausbrechen sollten.

Wechselbeweidung

Sowohl für die Tiere als auch für die Entwicklung
der Gräser ist es sehr wichtig, eine Weide nicht als
Standweide zu benutzen, sondern immer wieder

Auch Tore müssen gut
verschlossen werden, um
ein Ausbrechen der Schafe
zu verhindern. Spezielle
Riegel machen es den
Tieren unmöglich, das Tor
selbst zu öffnen.
(Foto: Fritschy)

Haltung

ruhen zu lassen. Je nachdem, wie viel Platz Sie zur Verfügung haben, können Sie das Land in unterschiedlich große Stücke einteilen. Achten Sie aber immer darauf, dass die Tiere genügend Möglichkeiten haben, frei zu laufen, und nicht in allzu kleine Stückchen eingepfercht sind. Zwei große Stücke lassen sich bei einem angemessenen Besatz schon ganz sinnvoll „verwalten". Lassen Sie eine Wiese nach der Beweidung immer eine Zeit lang ruhen. Wenn Sie die Möglichkeit haben, die Weide schleppen zu lassen, das heißt, mit landwirtschaftlichem Gerät die Erdhaufen flach drücken und den Boden ganz leicht auflockern zu lassen, sollten Sie dies tun. Man schafft so eine optimale Ausgangssituation für den nächsten Weidezyklus. Die Gräser können sich wieder entwickeln, die Grasnarbe kann sich erholen und der Parasitenbesatz geht zurück.

Bei ausreichend vorhandener Weidefläche kann man außerdem von April bis Juli das Gras wachsen lassen und davon Heu für den Winter gewinnen. Je nach Wetterbedingungen ist ein zweiter Schnitt möglich, der bis in den August hinein geerntet werden kann. Auch das Mähen einer Wiese zur Heugewinnung trägt zu deren Qualität bei.

Andere Weidetiere

Wenn Sie noch andere Weidetiere haben, können Sie die Beweidung auch kombinieren, vorausgesetzt, die Tiere sind aneinander gewöhnt. Auf Pferdeweiden entstehen häufig sogenannte Geilstellen, an denen die Tiere Kot abgesetzt haben. Dort wächst Gras, das die Pferde nicht mehr fressen, die Schafe jedoch gern abweiden. Eine Entfernung der Pferdeäpfel vor der Beweidung durch Schafe ist sinnvoll, jedoch nicht zwingend erforderlich, da es nur eine Wurmart gibt, die sowohl bei Pferden als auch bei Schafen vorkommt. Trotzdem müssen beide Tierarten natürlich regelmäßig entwurmt werden. Wenn verschiedene Tierarten auf einer Weide grasen, vermindert dies die Parasitenhäufung bei der jeweils anderen Tierart.

Giftpflanzen

Viele Pflanzen enthalten Stoffe, die für Schafe giftig sein können. Die meisten Weidetiere meiden aber gerade diese Gewächse. Vor allem dann, wenn ausreichend anderes Futter zur Verfügung steht. Vermeiden Sie deshalb, dass Ihre Schafe solchen Hunger bekommen, dass sie alles fressen, was grün ist. Sollte es lange trocken sein und zu wenig Weidegras zur Verfügung stehen, sollten Sie Heu zufüttern.

Wenn Schafe ausbrechen und möglicherweise Ihren Garten erobern, kann es auch sein, dass sie Dinge fressen, die ihnen nicht guttun. Es ist nicht leicht, mit Sicherheit festzustellen, ob ein Schaf eine Vergiftungserscheinung zeigt. Seien Sie deshalb aufmerksam, wenn eines Ihrer Tiere ungewöhnliches Verhalten zeigt. Es kann sein, dass es starken Durchfall hat, zittert, würgt oder starke Speichelbildung zeigt. Rufen Sie dann auf jeden Fall den Tierarzt und überlegen, ob es etwas Ungewöhnliches gefressen haben könnte.

Wenn Schafe ausbrechen und den Garten besuchen, ist Vorsicht geboten: Vieles, was schön aussieht, kann für die Tiere giftig sein. (Foto: Fritschy)

Zu den Weidepflanzen, die für Schafe giftig sein können, gehört das Jakobskreuzkraut, das in relativ großen Büschen auf der Wiese wächst und gelb blüht. Diese Pflanzen sollten unbedingt entfernt werden, bevor sie sich auf der Wiese verbreiten. Sie können nämlich auch im Heu ihre giftige Wirkung fortsetzen. Die Tiere die das Heu aufnehmen, sind bei getrockneten Pflanzen unter Umständen nicht mehr in der Lage, giftige und ungiftige Pflanzen zu unterscheiden.

Diese und andere Pflanzen sind giftig für Schafe!

- Jakobskreuzkraut
- Herbstzeitlose
- Butterblume
- Liguster
- Narzisse
- Lilie
- Eibe
- Rhododendron
- Taxus

Stall

Lassen Sie sich nicht einreden, Schafe benötigten keinen Stall. Kälte macht Schafen in ihrer dicken Jacke nur wenig aus, lang anhaltender Regen kann ihnen auf die Dauer schaden. Sie müssen einen trockenen Liegeplatz haben, an dem auch ihre Klauen trocknen können. Feuchte Wiesen begünstigen sowieso die Entstehung der sogenannten Moderhinke, einer Fäule der Klauen, die als ernsthafte Erkrankung zu betrachten ist. Im Stall bleibt außerdem das Raufutter trocken und es ist eine Behandlung der Schafe möglich, da man sie auf kleinerem Raum leichter einfangen kann.

Standort und Größe

Wer einen Schuppen oder eine Scheune hat, kann dort einen luftigen, aber nicht zugigen Stall für seine Schafe einrichten. Dort müssen sie unbedingt genügend Tageslicht bekommen und der Liegeplatz sollte dick und sauber mit Stroh eingestreut werden. Optimal ist ein Stall, von dem aus die Schafe die Wiese erreichen können. Ist dies möglich, benötigen die Tiere auf der Sommerweide unbedingt einen Schutz vor der Sonne. Dies kann ein Schattennetz sein, das man im landwirtschaftlichen Fachhandel bekommt. Auch ein transportabler Unterstand, der genügend Platz für alle Tiere bietet, leistet hier gute Dienste.

Haben Sie die Möglichkeit, einen Schafstall zu bauen, dann suchen Sie sich auf der Wiese einen höher gelegenen Platz, der trocken ist und auf den bei starken Regenfällen kein Wasser läuft. Der Stall muss nicht unbedingt geschlossen sein, zwei Holz- oder Steinwände zur Wetterseite sind aber erforderlich, auch um die Tiere vor Zug und Regeneinfall von der Seite zu schützen.

Von der Größe her sollten pro erwachsenem Tier nie weniger als zwei Quadratmeter und pro Lamm nicht weniger als ein Quadratmeter zugrunde gelegt werden. Ein Unterstand auf der Wiese kann niedriger sein, ein Stall, in dem gefüttert wird, sollte schon für den Betreuer der Tiere nicht niedriger als drei Meter sein. Die Luft muss gut zirkulieren können, ohne dass Zugluft entsteht.

Bitte beachten Sie, dass gehörnte Rassen etwas mehr Platz brauchen, um genügend Bewegungsfreiheit im Stall zu haben. Für diese Tiere muss auch mehr Raum für die Futterraufen eingeplant werden.

Futter- und Liegeplätze

Es ist sinnvoll, Schafen das Raufutter in einer Raufe anzubieten, damit es trocken und sauber bleibt. Mineralfutter kann entweder in einem Trog angeboten werden, der sich direkt unter der Raufe befindet und gleichzeitig Heuhalme auffängt, oder in einem Extratrog an anderer Stelle des Stalls. Der Trog muss lang genug sein, damit jedes Schaf zu seinem Recht kommt. Wichtig ist außerdem die regelmäßige Reinigung des Futtertrogs. Altes Futter kann quellen, sauer werden und schimmeln und damit die Gesundheit der Schafe gefährden.

Achten Sie darauf, dass die Stäbe der Raufe nicht zu weit auseinanderstehen, damit das Heu nicht hindurchfällt. Sie sollten aber auch nicht so nahe aneinanderstehen, dass die Schafe sich mit ihren Klauen dort einklemmen können, wenn sie versuchen, mit den Vorderbeinen an der Raufe „hochzuklettern", um ganz besondere Heuhälmchen zu erwischen.

Trennung und Gatter

Die Schafhaltung erfordert in unterschiedlichen Situationen eine Trennung der Tiere oder eine Begrenzung der Stallfläche zum Einfangen der Tiere. Damit man den Stall zur Behandlung der Tiere schließen kann, lassen sich transportable Schafgatter gut einsetzen. Man kann damit die offenen Seiten des Stalls schließen und in der Lammzeit kleine Gatter für Muttertiere und Lämmer bauen, falls diese besonderer Beobachtung bedürfen.

Wenn man einen Schafbock hält, muss dieser in der Lammzeit von den Muttertieren und ihrer Nach-

Bei diesem Stall kann man einen Teil mit einem variablen Tor schließen, sodass eine Box entsteht, in der die Tiere leicht eingefangen und behandelt werden können.
(Foto: Fritschy)

zucht getrennt werden. Er braucht dazu eine ausbruchsichere Stall- und Weidefläche, von der aus er die weiblichen Tiere nicht unbedingt sehen kann. Auch für ihn kann man einen Teil der Scheune oder eines Unterstands mithilfe eines Gatters abtrennen.

Umgang mit Schafen

Schafe sind sehr freundliche und unkomplizierte Tiere. Zu einfach sollte man sich die Haltung dieser oft recht großen, schweren und auch sehr schnellen Tiere aber nicht vorstellen. Die richtige Ausrüstung, ein geeigneter Stall und ein wenig Erfahrung helfen, zusammen mit der nötigen Ruhe, mit den Weidetieren gut und problemlos umzugehen.

Typisches Schafverhalten

Schafe sind sozial lebende Tiere mit großem Kontaktbedürfnis zu Artgenossen. Der Herdentrieb ist so stark, dass eine Schafherde immer zusammenhält und, wenn möglich, in die gleiche Richtung läuft, ohne dass es dafür ein Leitschaf braucht, das sagt, wo es langgeht.

Als Fluchttiere sind Schafe je nach Rasse recht schreckhaft, weshalb ruhige Schritte und Bewegungen beim Umgang mit den Tieren sinnvoll sind. Achten Sie darauf, dass Sie die Tiere möglichst nicht trennen, indem Sie mitten durch die Herde laufen. Auch zwei Schafe beunruhigt es schon, wenn sie nicht zueinanderkönnen.

Die Hauptbeschäftigung der Schafe ist die Futteraufnahme. Natürlicherweise bewegen sich die Schafe dabei vorwärts, weshalb eine ausreichend große Weidefläche vonnöten ist.

Sie gehen meist recht friedlich miteinander um; in der Brunstzeit, die meist im Herbst ist, kämpfen Schafböcke bisweilen sehr heftig miteinander. Aus diesem Grund sollten die Tiere in dieser Zeit voneinander getrennt werden, um Verletzungen zu vermeiden. Erwachsene Schafböcke können auch für Menschen nicht ganz ungefährlich sein, weshalb ein beherzter Umgang von Anfang an erforderlich ist. Drehen Sie einem erwachsenen Schafbock nicht den Rücken zu; die Gefahr, dass er Sie im wahrsten Sinne des Wortes auf die Hörner nimmt, ist nicht zu unterschätzen und kann möglicherweise sogar einen Arzt- oder Krankenhausbesuch zur Folge haben.

Einfangen und Hinsetzen

Viele Schafe bekommt man recht zahm und kann sie sogar aus der Hand füttern oder streicheln. Für Dinge wie Klauenpflege, Wurmkurgabe oder Schur müssen die Schafe aber eingefangen und hingesetzt oder umgesetzt werden, wie es in der Fachsprache heißt. Wenn Sie eine kleine Herde oder vielleicht nur zwei bis drei Schafe haben, sollten Sie diese gemeinsam in den Stall treiben.

Schafe hüten mit Hund

Border Collies und andere Hütehunde können unentbehrliche Helfer bei der Arbeit mit Schafen sein. Bevor man mit dem Hund an den Schafen arbeiten kann, müssen Besitzer und Hund das gemeinsame Hüten aber erst von der Pike auf lernen. Lassen Sie bitte niemals einfach einen Hund auf die Schafe los, nur, weil er einer Hütehundrasse angehört!

Verhaltensstarre

Das ist eine typische Schafeigenschaft, die man sich zunutze machen kann: Wenn man Schafe hinsetzt, können sie sich kaum noch bewegen, und man kann sie pflegen, scheren oder behandeln. Landet ein Schaf allerdings auf dem Rücken, zum Beispiel, weil es auf einer Wiese gestolpert ist, muss man es unbedingt umdrehen. Es kann sich selbst nicht aus dieser Situation befreien und möglicherweise innerhalb von 24 Stunden an Kreislaufversagen sterben.

Für Schafe als sozial lebende Herdentiere bedeutet eine Trennung immer Stress. Haben Sie eine größere Herde, sollten Sie auch diese in den Stall oder ein Gatter treiben, um die zu behandelnden Tiere so separieren zu können, dass sie die anderen noch sehen können. Bei sehr großen Herden, die nur von professionellen Schäfern betreut werden sollten, hat sich eine Fang- und Behandlungsanlage bewährt,

die die Tiere durchlaufen und bei der sie in den dafür vorgesehenen Fangständern behandelt werden können. Eine Anschaffung, die sich für Hobbyschafhalter mit wenigen Tieren nicht lohnt. Bewegen Sie sich immer ruhig zwischen den Schafen. Jede Hektik, die vom Menschen ausgeht, versetzt die flüchtigen Tiere schnell in Aufruhr. Wenn Sie im Stall noch eine kleine Ecke mit Gattern abtrennen können, haben Sie eine ideale Fläche zum Hinsetzen und zur Behandlung der Tiere.

So setzt man ein Schaf richtig hin:

Neben dem Schaf stehend, fassen Sie mit dem linken Arm vorn um den Hals des Tiers, mit der rechten Hand greifen Sie in die Flanke. Dabei strecken Sie Ihr rechtes Knie ein wenig nach vorn und beugen es etwas an, damit Sie es über Ihr Knie in die richtige Position bringen können. Dann heben Sie das Schaf an, indem Sie es zu sich kippen. Halten Sie das Tier mit beiden Händen in Balance und setzen es vorsichtig auf dem Hinterteil ab.

Wenn Schafe so sitzen, können sie sich kaum noch bewegen. Sie brauchen es deshalb nicht krampfhaft festzuhalten, sondern können es, am besten mithilfe einer zweiten Person, nun in Ruhe pflegen und behandeln.

Sprechen Sie dem Schaf dabei beruhigend zu und lassen Sie auch hier keine Hektik aufkommen.

„Rollen" Sie ein Schaf niemals von rechts nach links und umgekehrt. Es kann zu einer Verlegung des Pansens kommen. Setzen Sie das Schaf nach der Behandlung möglichst unverzüglich wieder auf die Beine.

Wenn das Schaf richtig „sitzt",
kann man es problemlos pflegen und behandeln.
(Foto: Fritschy)

Es ist immer hilfreich, wenn man bei der Schafpflege von einer zweiten Person unterstützt wird. (Foto: Fritschy)

Pflegen und Behandeln

Wenn das Schaf in die Sitzposition gebracht wurde, in der es, gut gestützt von Ihnen, nun nahezu unbeweglich verharrt, können Sie es pflegen und behandeln. Die Klauen können geschnitten, eine Wurmkur gegeben oder ein Antiparasitikum aufgetragen werden. Gleichzeitig können Sie diese Situation nutzen, um das Schaf gründlich zu untersuchen. Ist die Wolle überall gleichmäßig oder finden sich kahle Stellen? Sind Parasiten zu sehen oder hat das Schaf Durchfall? Schauen Sie sich auch Augen und Zähne an und überprüfen Sie, ob das Schaf insgesamt einen gesunden Eindruck macht.

Auch wenn der Tierarzt kommt, setzen Sie das Schaf so hin wie beschrieben. Sorgen Sie schon vor seiner Ankunft dafür, dass die Schafe sich im Stall oder innerhalb eines Gatters befinden, damit die Zeit des Veterinärs nicht mit dem Einfangen von Schafen verbracht werden muss. Stellen Sie alles bereit, was benötigt wird, und nehmen Sie auch einen Strick oder ein Schafhalfter zur Hand, falls das Schaf in eine andere Lage gebracht oder anderweitig festgehalten werden muss.

Schafzucht

Wer Schafe an Haus und Hof hält, will sich in vielen Fällen vor allem an den Tieren erfreuen. Häufig werden dann Schafrassen ausgesucht, die besonders hübsch aussehen und pflegeleicht sind. Wer nicht züchten will, kann eine Gruppe weiblicher Tiere halten, die nicht gedeckt werden. Entscheidet man sich zur Zucht, sollte man sich vorher überlegen, ob man Schafe vermehren oder eine Herdbuchzucht planen will. Außerdem ist es wichtig, sich vor Beginn einer Zucht Gedanken darüber zu machen, was mit den Lämmern geschieht, wenn sie abgesetzt werden können.

Allgemeine Überlegungen

Viele von uns mögen eine duftende Lammkeule aus dem Ofen oder ein gegrilltes Lammkotelett mit Rosmarin. Dass diese köstlichen Küchenprodukte von den niedlichen Lämmern stammen, die im Frühjahr noch fröhlich auf unserer Weide herumhüpften, verdrängen wir meist. Für den Schafhalter stellt sich aber recht schnell die Frage nach der Schlachtung, wenn er Lämmer hat und die männlichen Tiere erwachsen werden.

Abgesehen davon, dass man geschlechtsreife Schafböcke nicht zusammen halten kann, ist auch eine Bedeckung der Geschwistertiere unerwünscht und kann zu kranken und missgebildeten Tieren führen. Möchte man seine Tiere nicht schlachten, kann man sich eine kleine Gruppe weiblicher Tiere anschaffen, die nicht gedeckt werden. Bei guter Pflege werden diese Tiere bis zu 20 Jahre alt, je nachdem, wie lange ihre Zähne das Futter noch zerkleinern können. Es ist auch möglich, die Muttertiere decken zu lassen und die

Muntere Lämmer auf der Wiese sind herrlich – was aber, wenn sie erwachsen werden? (Foto: Tierfotoagentur/DMS)

Haltung

männlichen Lämmer frühzeitig kastrieren zu lassen. Die kastrierten Böcke leben auch zu mehreren friedlich mit den weiblichen Tieren zusammen.

Niemals sollten Sie die Lämmer einem Händler mitgeben, bei dem Sie nicht wissen, wo sie landen. Tagelange Tiertransporte oder tierschutzwidriges Schächten ohne Betäubung könnten ein Ende Ihrer Schafnachzucht bedeuten, das Sie nicht anstreben sollten.

Verpaarung

Der Bock wird in der Deckzeit zu den Muttertieren auf die Weide gelassen. Dabei ist auf einen guten Zustand der Muttertiere und eine sichere Umzäunung der Wiese zu achten. Die übliche Deckzeit ist der Herbst, wobei dann die Lämmer noch im Winter geboren werden. Wenn Sie keinen Stall für die Aufzucht der Lämmer haben, müssen Sie das Decken verschieben, damit die Lämmer erst dann geboren werden, wenn das Frühlingswetter die Aufzuchtbedingungen verbessert.

Der Bock kann mit einem sogenannten Deckgeschirr versehen werden, bei dem ein eingelegter Farbblock die gedeckten Schafe kennzeichnet. Führt man darüber Buch, kann man besser einschätzen, wann die Schafe in etwa ablammen werden.

Brunst

Schafe werden mit etwa sieben Monaten geschlechtsreif; es gibt allerdings auch einige spätreife Rassen, mit denen man vor dem zweiten Lebensjahr gar nicht züchten sollte. Dazu gehören einige der alten englischen Landschafrassen, wie zum Beispiel die Herdwick-Schafe. Schafrassen mit saisonaler Brunst, wie zum Beispiel Heidschnucken, sind nur im Herbst brünstig, wobei sich die Brunst dann etwa alle 21 Tage wiederholt. Die Brunst dauert nur ein bis drei Tage. Schafe mit asaisonaler Brunst sind während des ganzen Jahres brünstig in einem Zyklus von etwa 21 Tagen. Zu dieser Gruppe gehören beispielsweise die Skudden und die Merinolandschafe.

Trächtigkeit

Schafe haben eine Trächtigkeitsdauer von ungefähr 150 Tagen, bei manchen Rassen etwas kürzer, bei anderen etwas länger. Während der Trächtigkeit müssen die Muttertiere besonders gut beobachtet und mit einem Mineralfutter zugefüttert werden.

Geburt

Wer sich entscheidet, mit seinen Schafen zu züchten, sollte von vornherein für die Lammzeit Urlaub nehmen, freie Zeit einplanen oder jemanden bitten, bei den Schafen zu sein. Sowohl beim Mutterschaf als auch beim Lamm können Komplikationen auftreten, die ein schnelles Eingreifen erforderlich machen. Die Schafe, die ablammen, sollten sich daher auch in der Nähe des Hauses befinden, damit man sie regelmäßig kontrollieren kann.

Schafe fühlen sich in der Herde am wohlsten, deshalb sollte man sie für das Ablammen nicht von den anderen Tieren trennen. Das Muttertier zeigt eine ganz natürliche Reaktion vor der nahenden Geburt, indem es sich ein Stückchen von der Herde absondert, diese aber nicht verlässt.

Die Muttertiere fressen kurz vor der Geburt nicht mehr und sind meist unruhig. Sie legen sich hin, stehen wieder auf und scharren mit den Vorderbeinen. Dies ist meist das untrüglichste Zeichen für die beginnende Geburt. Bei vielen Schafen kann man auch beobachten, dass sie mit der Zunge über ihre Oberlippe lecken oder ihre Oberlippe kräuseln. Auch dieses Verhalten deutet auf den nahenden Beginn der Geburt hin.

einstreuen. Auf diesem recht kleinen Raum können S e Muttertiere und Lämmer gut beobachten, aber auch leicht behandeln. Die Schafe sehen ihre Herdengenossen, können sich aber auch konzentriert um ihre Lämmer kümmern. Wenn Sie nach einer Woche sehen, dass alles gut geht, können Sie die Tiere in den gemeinsamen Stall oder auf die Weide mit angrenzendem Stall entlassen.

Schafe gebären im Stehen oder im Liegen. Bevor d e Lämmer geboren werden, zeigen sich an der

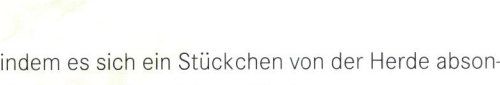 Normale Geburt

Es gibt Rassen, wie zum Beispiel die Texelschafe, die häufig Hilfe bei der Geburt benötigen. Viele ursprünglichere Rassen bringen ihre Lämmer aber in einer spontanen Geburt normal zur Welt, ohne dass man eingreifen muss. Manchmal springen uns morgens schon die frisch geborenen Lämmer auf der Wiese entgegen. Trotzdem empfehle ich, in der Lammzeit mindestens einmal, besser zwei- bis dreimal während der Nacht zu kontrollieren.

Im Stall können Sie für Mütter und Kinder aus Gattern Ablammbuchten bauen, die Sie dick mit Stroh

Haltung

Diese neugeborenen Lämmer liegen unter der Wärmelampe, damit sie nicht auskühlen. Man kann noch sehen, dass ihr Nabel mit Jod desinfiziert wurde.
(Foto: Visser)

Scheide des Muttertieres zwei Blasen. Die erste ist meistens die Fruchtwasserblase, die zweite Blase enthält eine schleimige Flüssigkeit, die dazu dient, den Geburtskanal gleitfähig zu machen. Bei Mehrlingsgeburten zeigen sich auch mehrere Blasen. Normalerweise werden Lämmer mit dem Kopf zuerst geboren. Sobald das Lamm in den Geburtsweg eintritt, beginnt das Muttertier zu pressen. Dieser Vorgang sollte nicht länger als eine Stunde dauern. Ist das Lamm bis dahin noch nicht geboren, sollten Sie den Tierarzt rufen.

Wenn das Lamm geboren ist, beginnt die Mutter sofort damit, es trocken zu lecken. Dies fördert die Mutter-Kind-Bindung und hält die Temperatur des Lamms, das auf keinen Fall auskühlen darf. Sackt die Körpertemperatur auf unter 37 C°, ist das Lamm bereits unterkühlt; es muss dann unverzüglich unter eine Wärmelampe im Stall gelegt werden.

Auch bei einer normalen Geburt kann es passieren, dass das Lamm die Fruchthülle noch über Nase und Maul hat. Wir müssen es daraus befreien, damit es nicht erstickt. Streifen Sie die Fruchthülle dazu von der Nase Richtung Maul ab. Mit einem Küchenschwamm geht dies noch leichter.

Bei einer Mehrlingsgeburt kann die Geburt des zweiten Lamms eine Weile dauern; ist der Zwilling oder Drilling nach anderthalb Stunden noch nicht geboren, sollten Sie sich Hilfe bei einem erfahrenen Schafhalter oder beim Tierarzt holen.

Achten Sie darauf, dass die Nachgeburt auch wirklich kommt, und entfernen Sie diese aus dem Stall oder von der Weide. Manche Schafe fressen die Nachgeburt, was aber bei Wiederkäuern zu Verdauungsproblemen führen kann.

So erkennen Sie gesunde und zufriedene Lämmer:

- Das Lamm bleibt nicht zu lange liegen.
- Es blökt nicht zu lange und zu häufig.
- Es trinkt nach kurzer Zeit bereits bei der Mutter.

Wenn das Lamm trocken ist, sollten Sie den Nabel mit etwas Jod desinfizieren. Tun Sie dies aber nicht zu früh, sonst besteht die Gefahr, dass die Mutter das Tier ablehnt. Melken Sie außerdem das Euter des Muttertiers kurz an, um sicherzugehen, dass es Milch hat, und um eventuelle Pfropfen zu lösen, die den Milchfluss behindern könnten. Lämmer müssen innerhalb einer halben Stunde trinken, um die für sie lebenswichtige Erstmilch oder Biestmilch aufnehmen zu können. Macht ein Lamm keine Anstalten aufzustehen und zu trinken, können Sie vorsichtig versuchen, es anzulegen.

Bei Mehrlingsgeburten können Sie der Mutter helfen, indem Sie die Lämmer abtrocknen. Die Neugeborenen bleiben dadurch nicht zu lange nass und kühlen nicht zu stark aus.

🍀 Probleme bei der Geburt

Vor allem eine nicht normale Lage des Lamms kann zu Problemen bei der Geburt führen. Der Geburtsvorgang kann nicht weitergehen, weil das Tier in dieser Lage nicht durch den Geburtskanal passt. Der geübte Schafhalter kann hier helfend eingreifen, sollte dies aber nur dann tun, wenn er an einem entsprechenden Kurs teilgenommen hat oder es unter Anleitung eines Schäfers oder Tierarztes lernen konnte.

Mögliche Fehllagen des Lamms:

- 🐑 Hinterendlage (falsch herum, Hinterbeine zuerst)
- 🐑 Hinterendlage mit einem oder beiden gebogenen Hinterbeinen
- 🐑 Kopf nach hinten geklappt
- 🐑 ein oder zwei Beine umgeschlagen
- 🐑 mehrere Lämmer gleichzeitig im Geburtskanal
- 🐑 Rückenlage des Lamms
- 🐑 Drehung in der Gebärmutter

Trinkt das Lamm gut, ist eine wichtige Hürde genommen. (Foto: Visser)

Die Lämmer werden nun zugefüttert. Rechts im Bild sehen Sie den sogenannten Lämmerschlupf, eine Stelle im Zaun oder Gatter, durch den die Muttertiere nicht hindurchgelangen. (Foto: Visser)

Bei einer Drehung des Lamms in der Gebärmutter muss der Tierarzt schnell hinzugezogen werden, um einen Kaiserschnitt durchzuführen.

Auch wenn sich der Muttermund nicht ausreichend öffnet oder das Lamm zu groß ist, erfordern diese Komplikationen einen Tierarzt. Wenn die Geburt nach anderthalb bis zwei Stunden keine Fortschritte gemacht hat, sollten Sie spätestens dann zum Telefon greifen. Möglicherweise ist ein Kaiserschnitt erforderlich.

Achten Sie bitte unbedingt auf die Nachgeburt. Ist diese nach zwei Stunden noch nicht gekommen, sollten Sie einen Tierarzt verständigen.

Wenn es bei der Geburtshilfe Komplikationen gab, wird der Tierarzt antibiotikahaltige Stäbe in die Gebärmutter einführen, um eine Infektion zu vermeiden.

Lämmeraufzucht

Bei schönem Wetter und wenn alles in Ordnung ist, können Sie die Tiere auf der Weide laufen lassen. Sie müssen sich aber vor Regen und Zugluft schützen können. Mehrlingsgeburten sollten in den Ablammbuchten bleiben und noch einige Tage beobachtet werden. Der gemeinsame Verbleib in den abgetrennten Stalleinheiten fördert zudem die Mutter-Kind-Bindung. Nach zwei Wochen können die Schafe in einem abgetrennten Bereich gemeinsam mit den anderen Lämmern gefüttert werden. Sie gelangen durch einen Lämmerschlupf – eine Öffnung in der Umzäunung – dort hinein; die Muttertiere passen nicht hindurch.

Die Lämmer erhalten dort Aufzuchtfutter, Wasser und Heu. Es dauert einige Zeit, bis sie sich an das zusätzliche Futter gewöhnt haben. Mit vier bis sechs Wochen werden sie zum ersten Mal entwurmt und je nach Impfplan gleichzeitig geimpft. Wiederholen Sie die Wurmkur nach sechs Wochen und fragen Sie Ihren Tierarzt nach einer Empfehlung für eine Wiederholungsimpfung.

Beobachten Sie die Lämmer gut und kontrollieren Sie regelmäßig auf Durchfall. Auch wenn Lämmer untypisches Verhalten zeigen, besonders ruhig sind, nicht bei der Mutter trinken, abmagern oder auf andere Weise auffallen, zögern Sie nicht, die Schafe dem Tierarzt vorzustellen. Ein erkranktes Tier kann womöglich auch alle anderen Lämmer anstecken, weshalb besondere Vorsicht geboten ist.

Lämmer bleiben mindestens zwölf Wochen bei der Mutter. Häufig hören sie von einem Tag auf den anderen von selbst auf, bei der Mutter zu trinken. Männliche Lämmer müssen nach ungefähr vier Monaten weg aus der Herde, da sie um diesen Zeitpunkt herum geschlechtsreif werden.

Wenn die Lämmer abgesetzt sind, bekommen die Muttertiere in den ersten Tagen Heu zu fressen und wenig Wasser. Die Euter müssen sich zurückbilden.

Nach etwa einer Woche werden die Euter kleiner. Die Muttertiere dürfen dann wieder so viel Wasser trinken, wie sie wollen. Beobachten Sie die Euter trotzdem noch eine Weile, damit Sie keine möglicherweise später auftretende Entzündung übersehen.

Die weiblichen Lämmer sollten mindestens vier Wochen von ihren Müttern getrennt bleiben. Danach können alle weiblichen Tiere wieder zusammen auf die Weide.

Euterentzündung beim Muttertier nach dem Absetzen der Lämmer

Beobachten Sie die Euter der Muttertiere gut und fühlen Sie regelmäßig, ob nicht zu viel Spannung entsteht. Ist dies der Fall, melken Sie nach etwa drei Tagen einmal die noch verbliebene Milch ab. Wenn das Euter rötlich oder sogar bläulich anläuft, kann davon ausgegangen werden, dass eine Euterentzündung vorliegt. Diese muss unverzüglich antibiotisch behandelt werden.

Herdenaufbau oder Verkauf

Die männlichen Lämmer werden je nach Gewicht mit etwa fünf Monaten geschlachtet. Mit den weiblichen Tieren können Sie sich eine eigene Herde aufbauen. Lassen Sie sich bezüglich des Zuchtbocks vom Rasseverband beraten und nutzen Sie Netzwerke zum Austausch geeigneter Tiere. Der Bock muss alle zwei Jahre gewechselt werden, damit er nicht seine eigenen Nachkommen deckt. Um einen Schafbock halten zu können, brauchen Sie schon einige Erfahrung mit Schafen. Gerade bei größeren Rassen ist der Umgang mit den kräftigen Tieren nicht leicht und erfordert viel Durchsetzungskraft und Konsequenz. Er muss nach der Decksaison von den Muttertieren getrennt werden, und zwar so, dass er die weiblichen Tiere möglichst nicht sehen kann. Dazu muss seine Wiese besonders gut eingezäunt sein.

Haltung

Wenn Sie eine Herdbuchzucht betreiben wollen, müssen Sie sich dem Zuchtverband der von Ihnen gewählten Rasse anschließen und die vorgegebenen Auflagen erfüllen. Sie haben dann vielfach die Möglichkeit, Tiere auch zur Zucht zu verkaufen.

Kennzeichnung

Laut EU-Verordnung müssen alle Schafe, die nach dem 9. Juli 2005 geboren sind und die für die Zucht, den Handel oder den Export in Drittländer bestimmt sind, mit zwei Ohrmarken und mit einer individuellen Nummer gekennzeichnet werden. Schlachttiere, die im Land bleiben, werden mit nur einer Ohrmarke gekennzeichnet. Lassen Sie sich bitte von Ihrem Tierarzt über die aktuell gültigen Bestimmungen beraten und bei der Kennzeichnung Ihrer Tiere unterstützen.

Schlachtung

Zugegeben, kein schönes Thema. Aber gerade deshalb sollte ganz besonders sorgfältig damit umgegangen werden. Denn seine Schafe einfach einem ungewissen Schicksal zu überlassen, indem man sie an einen Händler gibt, wäre unfair. Wer sich entscheidet, Schafe zu züchten, sollte auch diesen Vor-gang gut planen und tiergerecht durchführen lassen. Wenn es einen kleinen Schlachtbetrieb in Ihrer Nähe gibt, sollten Sie die Tiere dorthin bringen, um lange Transportwege und unnötige Aufregung zu vermeiden. Hausschlachtungen zum Eigenverbrauch sind unter bestimmten Voraussetzungen erlaubt, dürfen aber nur von Fachleuten durchgeführt werden, die Sie auch hinsichtlich der erforderlichen Fleischbeschau beraten können. Vermeiden Sie jegliche Aufregung beim Einfangen, Verladen und Transport, und planen Sie so, dass keine langen Wartezeiten entstehen.

Bei der Schlachtung werden die Tiere mit einem Bolzenschussgerät betäubt, dann wird die Kehle aufgeschnitten, damit der Schlachtkörper ausbluten kann. Anschließend wird das Fell abgezogen und die Eingeweide werden entfernt.

Vor der Zerlegung sollte der Schlachtkörper in einem Kühlhaus einige Tage abhängen.

Schafprodukte

Wer Schafe hat, hat in jedem Fall auch Wolle. Einige ursprüngliche Landschafrassen, wie zum Beispiel die Heidschnucken, verlieren ihre Wolle im Frühjahr von selbst und müssen nicht unbedingt geschoren werden.

Hat man sich entschieden, Lämmer schlachten zu lassen, kann man auf einen guten Fleischertrag hinarbeiten. Immer wieder gibt es auch Hobbyschafhalter, die sich begeistert der nicht ganz einfachen Herstellung von Schafkäse widmen.

Schon die Auswahl der Rasse beeinflusst die späteren Nutzungsmöglichkeiten, und auch bei Fütterung und Haltung sollte berücksichtigt werden, welche Produkte des Schafs man später nutzen will.

Nicht jede Wolle lässt sich verspinnen. Wenn Sie die Herstellung von Kleidung planen, ist es sinnvoll, schon bei der Auswahl auf die Wollqualität zu achten. (Foto: Visser)

Wolle

Je nach Rasse erhält man nach der Schur Wolle von ganz unterschiedlicher Struktur, Dicke und Qualität. Heidschnucken haben beispielsweise eine sehr grobe Wolle, die sich nicht zum Spinnen eignet. Man kann aber widerstandsfähige und langlebige Matten und Teppiche daraus anfertigen. Die feinste Wolle hat das Merinoschaf, das seit jeher vor allem wegen der hervorragenden Wollqualität gehalten wird. Bei den Merinoschafen gibt es zwei Typen, einmal das Merinolandschaf, bei dem der Wollertrag im Vordergrund steht, und auch das Merinofleischschaf, das durch Einkreuzung von Fleischschafrassen einen höheren Fleischertrag liefert. Wenn Sie Ihre ganze Familie mit Schafwollpullovern aus eigener Produktion erfreuen wollen, sollten Sie gleich eine Rasse wählen, deren Wolle sich für das Spinnen und Stricken am besten eignet und sich später auch an-

genehm trägt und nicht kratzt. Dafür eignen sich unter anderem die Coburger Füchse mit ihrer wunderschönen rötlichen Wollfarbe, aber auch das britische Ryeland-Schaf, die pechschwarzen Black-Welsh-Mountain-Schafe oder die kleinen Ouessants mit der kräuseligen Wolle. Im Kapitel über die Schafschur wird erläutert, wie man die Tiere fachmännisch von ihrer Wolle befreit.

Zur weiteren Verarbeitung muss sie dann grob gereinigt und gekämmt werden. Zum Spinnen belässt man das Wollfett in der Wolle und wäscht erst die fertigen Stränge. Wenn das Vlies aber stark verunreinigt ist, sollte es zumindest grob gewaschen werden. Um ein Wollvlies vom gröbsten Schmutz zu reinigen, kann man es in einer großen Wanne einen Tag in sauberes Regenwasser legen. Bitte nicht zu viel hin- und herbewegen, sonst filzt die Wolle, was für das Spinnen ungünstig ist.

Hier wird Schafwolle mit Krappwurzel orange gefärbt und anschließend zum Trocknen ausgebreitet. (Fotos: Visser)

Die trockene Wolle wird mit einer speziellen Bürste oder einer Rolle gekämmt (kardiert) und dann versponnen oder gefilzt. Helle Wolle kann man auch vor dem Spinnen oder Filzen färben, manche färben auch die fertigen Wollstränge. Für das Färben kann man verschiedene Naturfarbstoffe verwenden. Zusammen mit einer speziellen Wollbeize, zum Beispiel mit Alaun, können dann verschiedene Farbtöne erzielt werden.

Ein Verkauf der Wollvliese ist meist keine lohnenswerte Angelegenheit. Große Wollverwertungsbetriebe zahlen geringe Beträge und nehmen Vliese oft erst ab einer bestimmten Menge ab.

Natürliche Farbstoffe aus Pflanzen für die Wollfärbung

Pflanze	Farbe
Goldrutenkraut →	Gelb
Krappwurzel →	Orange
Walnuss →	Braun
Rainfarn →	Gelb bis Grün
Zwiebelschalen →	Gelb bis Braun
Birkenblätter →	Gelb
Holunderbeeren →	Lila

Das Filzen gefärbter oder ungefärbter Wolle erfreut sich großer Beliebtheit. Die Möglichkeiten sind vielfältig und vom Eierwärmer bis zum Teppich sind dem Filzvergnügen keine Grenzen gesetzt. So, wie man für das Färben große Töpfe braucht, benötigt man für das Filzen größerer Objekte viel Platz und viel Zeit. Am schönsten ist es, sich mit Gleichgesinnten zu Spinn-, Färbe- oder Filzwochenenden zu treffen und die schönsten Ideen auszutauschen.

Fleisch

Wenn wir Fleisch essen, sollten wir uns auch der Tatsache stellen, dass dieses Fleisch von Tieren stammt, die zu diesem Zweck getötet wurden. Das Fleisch von Lämmern, die ein kurzes, aber schafgerechtes Leben auf unserer Wiese gelebt haben, ist jedenfalls unter besseren Bedingungen entstanden als das Fleisch aus Massentierhaltung.

Lämmer sind mit vier bis zehn Monaten und einem Gewicht von etwa 40 Kilo je nach Typ und Größe der

Selbst geschorene, gesponnene und gefärbte Wolle ist ausgesprochen dekorativ.
(Foto: Fritschy)

Rasse schlachtreif. Ersparen Sie den Tieren unbedingt einen weiten Transport. In einem geeigneten Anhänger sollten Sie die Lämmer zum nächstgelegenen Schlachthof bringen. Auf dem Land gibt es häufig auch noch Metzger, die Schlachtungen in kleinem Rahmen durchführen. Hier wird vermieden, dass die Tiere zu lange warten müssen und unnötigem Stress ausgesetzt sind. Der Schlachtkörper wird zerlegt und auf Wunsch auch so verarbeitet, dass Sie nach einigen Tagen die fertigen Produkte abholen können.

Mastlämmer können bis zu einem Jahr alt sein, ihr Fleisch hat immer noch eine sehr gute Qualität und lässt sich vielfältig verarbeiten. Auch das Fleisch von ein bis zwei Jahre alten kastrierten männlichen Tieren (Hammel) kann gut verwendet werden; manchen schmeckt dies aber zu streng. Grundsätzlich kann man Schafe bis zu einem Alter von etwa vier Jahren schlachten. Je älter sie sind, desto kräftiger schmeckt aber das Fleisch „nach Schaf", was nicht jeder gern mag.

Direktvermarktung von Lammfleischprodukten gibt es immer häufiger, ist jedoch an strenge Vorschriften gebunden. (Fotos: Paikert)

Die Herstellung von Schafskäse ist eine Kunst, die viel Erfahrung und Zeit erfordert.
(Foto: Paikert)

Ob man ältere Schafe, die keine Lämmer mehr bekommen können, auch schlachten lässt, ist eine persönliche Entscheidung. Sie können in dem Fall noch zu Hundefutter verarbeitet werden, wenn sie nicht krank waren. Ich selbst tendiere dazu, die weiblichen Tiere, die sozusagen zur Familie gehören, so lange zu behalten, bis sie aufgrund abgenutzter Zähne oder anderer beeinträchtigender Alterserscheinungen nicht mehr gut leben können. Dann lasse ich sie einschläfern und von einem Tierkörperbeseitigungsdienst entsorgen. Das ist alles andere als wirtschaftlich, gibt mir aber ein besseres Gefühl gegenüber den Urmüttern meiner kleinen Herde.

Milchprodukte

Um die Milch des Schafs nutzen zu können, muss man es melken. Dies ist nicht nur bei Milchschafrassen, sondern bei fast allen Schafen möglich, die so zahm werden, dass sie sich den Vorgang ohne Stress gefallen lassen. Wenn man sich jedoch der Käseherstellung in größerem Rahmen widmen will, sollte man sich von vornherein für eine Milchschafrasse entscheiden. Die bekanntesten Rassen sind hier das Ostfriesische Milchschaf und das Lacaune-Schaf.

Wenn die Lämmer bei den Müttern bleiben und nicht nach etwa zwei Monaten abgesetzt werden, kann man sie nach einiger Zeit abends von ihren Müttern trennen, mit Kraftfutter zufüttern und sie nach dem Melken der Muttertiere dann den ganzen Tag bei ihnen lassen, damit sie saugen können.

Schafmilch, deren Geschmack gewöhnungsbedürftig ist, spricht man sogar eine besondere Heilwirkung zu. Man muss die Milch filtern, um kleine Schmutzteilchen zu beseitigen, und recht bald auf etwa 4 °C herunterkühlen. Die Milch lässt sich durch Einfrieren oder Sterilisieren haltbar machen, man kann sie aber auch gleich zu Joghurt, Butter, Frisch- oder Hartkäse verarbeiten. Dies erfordert allerdings nicht nur besondere hygienische Voraussetzungen, sondern auch viel Wissen und Erfahrung.

Wenn man Kraftfutter in einem langen Futtertrog gibt, vermeidet man solchen Streit um den letzten Krümel. Für die Verabreichung der Wurmkur in Pelletform hat sich die Benutzung kleiner Futterschalen aber bewährt, weil sich damit die Menge für jedes einzelne Tier besser dosieren lässt. (Foto: Pinnekamp)

Fütterung

Es ist nicht damit getan, Schafe auf eine Wiese zu stellen und der Natur ihren Lauf zu lassen. Sowohl die Einteilung und Qualität des Grün-, Rau- und Kraftfutters als auch die Planung von Futterumstellungen sind wichtige Überlegungen bei der Haltung von Schafen. Fehler in der Fütterung können bei Schafen Krankheiten zur Folge haben, die man in erster Linie gar nicht mit der Fütterung in Zusammenhang bringt.

Wiederkäuer fressen anders

Der Verdauungsapparat von Schafen besteht, wie auch bei Kühen und anderen Wiederkäuern, aus mehreren Mägen und dem Darmtrakt. Im Pansen wird die Zellulose der Nahrung so verdaut, dass sie in verdauliche Nährstoffe umgewandelt werden kann, die dem Schaf erst dann zur Verfügung stehen. Schafe nehmen in relativ kurzer Zeit größere Futtermengen zu sich, die sie in den Ruhezeiten wiederkäuen. Dabei wird das Futter aus dem Pansen über den Netzmagen zurück ins Maul befördert und dort noch einmal gründlich durchgekaut. Erst dann kann das Futter über den Blättermagen in den Labmagen gelangen und von da aus in den Darm befördert werden. Der Pansen ist ein empfindliches Organ, dessen Säuregrad möglichst konstant bleiben muss. Störungen dieses Gleichgewichts können zu gefährlicher Gasbildung im Pansen führen, die im schlimmsten Fall den Tod des Tiers bedeuten kann. Bei Pansenstörungen ist eine zeitnahe Behandlung durch den Tierarzt angezeigt.

Plötzliche Futterumstellungen wirken sich auf den Stoffwechsel des Schafs aus und können zu Pansenstörungen führen, da der Pansen einige Wochen benötigt, um sich auf anderes Futter und andere Futtermengen einzustellen. Zusätzlicher Stress, zum Eeispiel durch eine veränderte Umgebung, kann eine Erkrankung des Tiers begünstigen.

Kahles Schaf

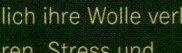

Immer wieder kommt es vor, dass Schafe, die im Winter in den Stall geholt werden, nach einigen Wochen plötzlich ihre Wolle verlieren. Stress und Futterumstellung haben in diesen Fällen eine Stoffwechselstörung hervorgerufen, die zu einem Bruch der Wollfaser in der Haarwurzel geführt hat. Nach etwa vier Wochen ist das Haar so weit gewachsen, dass die gebrochene Stelle herauswächst. Das Schaf verliert dann die Wolle und wird völlig kahl. Man kann dieses Problem vermeiden, indem man vor dem Aufstallen der Tiere schon das Futter beifüttert, das sie dann auch im Stall erhalten werden. Wenn die Tiere hereingeholt werden, ist es außerdem wichtig, dass dies so stressfrei wie möglich geschieht.

Schafe können ihr Futter so lange gut zerkleinern, b s ihre Zähne diese Funktion nicht mehr erfüllen können. Wie alt ein Schaf werden kann, wenn man

es nicht frühzeitig schlachtet, hängt also auch von der Lebensdauer der Zähne ab. Die durchschnittliche Lebenserwartung eines Schafes beträgt etwa zehn Jahre, wir haben in unserem eigenen Bestand aber auch schon Schafe gehabt, die 15 Jahre und älter geworden sind. Eingreifen muss man in jedem Fall, wenn das Schaf trotz guter Fütterung immer mehr abmagert. Es wäre falsch verstandene Tierliebe, ein altes Schaf, das nicht mehr richtig kauen kann, am Leben zu lassen, da es auf diese Weise langsam, aber sicher verhungert.

Was Schafe brauchen

Grundsätzlich ist das Weidegras das wichtigste Nahrungsmittel für Schafe, das ihrer Natur entspricht. Trotzdem reicht es keinesfalls aus, die Tiere auf die Weide zu stellen und es damit gut sein zu lassen. Sowohl bei der Sommer- als auch bei der Winterfütterung ist zu beachten, dass die Tiere ausreichend mit Eiweiß, Mineralstoffen, Spurenelementen und Vitaminen versorgt werden. Je nach Situation sind unterschiedliche Arten der Zufütterung erforderlich.

Bei der gelegentlichen Fütterung von trockenem Brot aus der Hand kann man die Schafe gut aus der Nähe betrachten und mögliche Veränderungen feststellen. Das Brot darf niemals schimmelig sein. (Foto: Visser)

Auch wenn Schafe verhältnismäßig wenig trinken, sollte ihnen immer frisches Wasser zur Verfügung stehen. (Foto: Fritschy)

Wasser

Der Flüssigkeitsbedarf von Schafen ist sehr unterschiedlich, er liegt durchschnittlich zwischen 1,5 und 6,5 Litern pro Tag. Wenn Schafe auf der Wiese stehen, trinken sie meist erstaunlich wenig Wasser. Sie nehmen dann über den Morgentau auf dem Weidegras und den Feuchtigkeitsgehalt des Grases an sich einen großen Teil des Flüssigkeitsbedarfs auf. Trotzdem muss Schafen immer frisches sauberes Trinkwasser zur Verfügung stehen. Aufgrund der geringen Trinkmengen eignet sich für eine Gruppe mit wenigen Schafen ein Eimer, der in einem Halter befestigt wird. Diese kleine Wassermenge sollte täglich erneuert werden. Verwendet man einen zu großen Wasserbottich, muss zu viel Wasser weggeschüttet werden.

Auch im Stall kann in der Ecke ein Halter für einen Wassereimer angebracht werden. Achten Sie aber auch hier darauf, dass die Tiere niemals ohne

Wasser sind. Denn je nach Futtersorte könnte dies fatale Auswirkungen auf den Verdauungsapparat der Tiere haben. Für größere Herden empfiehlt es sich, eine Selbsttränke anzuschaffen, damit frisches Wasser immer nachfließen kann. Die Tränke muss so beschaffen sein, dass die Schafe leicht daraus trinken können. Eine Pferdeselbsttränke eignet sich dafür nicht. Im Fachhandel gibt es spezielle Schaftränken in verschiedenen Ausführungen. Die isolierte Version erspart im Winter das Wasserschleppen aus dem Haus und ist eine Investition, die sich lohnt.

Solche Mineralleckschalen erhalten Sie bei Anbietern für Agrarbedarf und bei den landwirtschaftlichen Warengenossenschaften. (Foto: Fritschy)

sollte für die Tiere immer erreichbar sein und täglich von Schmutz befreit werden.

Steht die Schale im Stall oder Unterstand, wäscht sich die Masse nicht durch den Regen aus. Man kommt recht lange mit einer Schale aus, da die Tiere immer nur geringe Mengen aufnehmen, indem sie an der Oberfläche lecken. Ein zusätzlicher Salzleckstein ist bei Verwendung der Leckschale nicht erforderlich. Weitere Futterzusätze sind bei Fütterung eines pelletierten Fertigfutters nicht erforderlich. Mischt man selbst, können je nach Bedarf Ergänzungsfuttermittel hinzugegeben werden. Dies ist vor allem bei der Trächtigkeit der Muttertiere und der Aufzucht der Lämmer wichtig. Auch in der Lämmermast werden häufig Futterzusätze gegeben, um die Eiweißaufnahme aus dem Futter zu optimieren.

Lecksteine und Futterzusätze

Um die Mineralstoffversorgung sicherzustellen, eignet sich eine speziell für Schafe vorgesehene Leckschale, in der sich eine Masse mit relativ fester, aber leicht sandiger Konsistenz befindet. Diese Schale

Sommerfütterung

Schafe stehen in den meisten Fällen im Sommer auf der Wiese. Hier können sie unter optimalen Bedingungen ihren Nahrungsbedarf decken. Dafür ist es aber erforderlich, dass ihnen genügend

Ein solcher Unterstand bietet Schatten und Schutz im Sommer und eignet sich für robuste Schafrassen auch als Stall im Winter. (Foto: Visser)

Weidefläche zur Verfügung steht und der Besatz regelmäßig gewechselt wird, um den Wurmbefall zu vermindern. Frisches Wasser muss für die Tiere immer zugänglich sein.

Gras

Bodenbeschaffenheit, Klima und Pflege beeinflussen die Qualität des Weidegrases. Nicht jede Bodensorte bietet alle Mineralstoffe, die Schafe benötigen. Ein Mineralleckstein oder eine Leckschale sollten deshalb das ganze Jahr zur Verfügung stehen. Da ein Mutterschaf mit Lämmern am Tag etwa 14 Kilo frisches Weidegras aufnimmt, muss auf ein dementsprechendes Angebot geachtet werden. Hat man nicht genügend Weidefläche, muss der Besatz verringert oder zugefüttert werden. Grundsätzlich ist für die meisten Schafrassen ei-

ne kargere Weide besser als zu fettes Grünland, es sei denn, man mästet Lämmer für die Schlachtung. Achten Sie auf einen vielfältigen Bewuchs und säen Sie Weidekräuter wie zum Beispiel Thymian nach, wenn Ihre Wiese einen einseitigen Bewuchs aufweist.

Schafe fressen auch überständiges Gras, womit sie sich hervorragend für die Nachbeweidung von Pferdekoppeln eignen. Eine Düngung der Wiese ist nicht zu empfehlen, die Nutzung als Heuwiese regelt durch das ein- oder zweimalige Mähen im Jahr den ausgewogenen Bewuchs. Schafrassen, die aus Gegenden stammen, in denen die Böden trocken und der Bewuchs karg ist, sind auch auf weniger saftigen Wiesen recht leichtfuttrig. Sie eignen sich hervorragend für den Einsatz in Naturschutzgebieten, in denen sie beschattete oder vermooste Weideflächen auch im Winter beweiden und somit verhindern, dass diese Flächen zuwachsen. Auch in Heidegebieten steht wenig frisches Gras, dafür jedoch die für die Schafe sehr schmackhaften Heidepflanzen zur Verfügung. Enthält eine Wiese viel Klee, ist darauf zu achten, dass dieser ein hoher Eiweißlieferant ist und für Schafe ein Kraftfutter darstellt. Ein Überangebot ist hier zu vermeiden.

Bei Schafen, die zu Durchfall neigen, hat sich die Zufütterung von Heu auch im Sommer bewährt.

Kraftfutter im Sommer

Muttertiere und Lämmer können je nach Qualität des Weidegrases auch im Sommer mit geringen Kraftfuttergaben zugefüttert werden. Auch Milchschafe, die gemolken werden, sollten jeweils beim Melken eine Kraftfutterzugabe erhalten. Manche Schafhalter kleiner Gruppen schwören darauf, täglich zumindest eine Handvoll pelletiertes Mineralfutter zu geben, um sicherzugehen, dass die Tiere ausreichend versorgt sind. Es gibt viele Schäfer, die

ihren Tieren grundsätzlich kein industriell erzeugtes Futter geben. Sie mischen das Futter für ihre Tiere aus verschiedenen Getreidearten selbst. Hierbei ist darauf zu achten, dass die Mischung den Bedürfnissen der Tiere entspricht und dass das Getreide trocken und staubfrei gelagert wird. Jegliche Art von Feuchtigkeit und Schimmel kann für die Schafe lebensbedrohlich sein.

Tun Sie aber auch auf keinen Fall zu viel des Guten – eine übermäßige Kraftfuttergabe kann den Tieren ebenfalls schaden, zu fette Mutterschafe nehmen bisweilen nicht auf oder haben schwere Geburten. Mit dem Richtwert eine Handvoll (etwa 100 Gramm) pro Tag kann man grundsätzlich nicht viel falsch machen.

Kraftfutter selbst mischen

Mischen Sie zwei Drittel Getreide (Hafer, Weizen oder Gerste) mit jeweils einem Drittel geschroteten Erbsen oder Sojabohnen. Lagern Sie diese Mischung nicht zu lange, damit die Nährstoffe nicht verloren gehen.

Winterfütterung

Bei der Winterfütterung kommt es darauf an, ob die Tiere in den Stall geholt und den Winter über drinnen gehalten werden oder ob sie auch im Winter einen Teil ihres Futters draußen suchen können. Wenn die Wiese nicht zu nass ist und ein Stall oder Unterstand mit trockener Liegefläche vorhanden ist, spricht bei unempfindlichen Landschafrassen nichts dagegen, sie auch im Winter draußen zu halten. Besonders bei niedrigen Temperaturen ist gut darauf zu achten, dass das frische Wasser für die Tiere zugänglich bleibt. Wenn es friert, muss der Trog dreimal täglich vom Eis befreit und mit frischem (gegebenenfalls warmem) Wasser aufgefüllt werden. Im Offenstall hat sich bei Kälte ein größerer Trog bewährt, da das Wasser im Eimer meist zu schnell gefriert.

Egal, ob die Schafe im geschlossenen Stall oder Offenstall gehalten werden: Im Winter sollte ihnen immer ausreichend Raufutter (Heu oder Futterstroh) zur Verfügung stehen.

 ## Heu

Heu ist nicht gleich Heu, und hier muss man sehr auf die Qualität achten. Das Heu sollte von einer Wiese stammen, die einen vielfältigen Bewuchs aufweist. Vor allem Wiesenkräuter wie Löwenzahn, Bärenklau, Wegerich und Fingerkraut sollten enthalten sein, auch kleereiches Heu wird gut gefressen. Schafe nehmen gern Heu vom ersten Schnitt, das sichtbar Blätter enthält und angenehm duftet. Es sollte noch grünlich sein und nicht stauben. Manche Schafe fressen auch problemlos leicht überständiges Heu und Heu vom zweiten Schnitt. Wichtig ist, dass das Heu keinerlei Schimmel enthält und gut abgelagert ist. Verfüttern Sie Heu grundsätzlich erst frühestens sechs Wochen nach der Ernte. Andernfalls besteht die Gefahr, dass das Heu noch nicht ausreichend getrocknet ist, im Ballen nachschwitzt und beim Schaf Gaskoliken hervorruft, die es das Leben kosten können.

Stellen Sie den Schafen im Winter immer so viel Heu zur Verfügung, dass sie sich nach Bedarf bedienen können. Legen Sie das Heu nicht auf den

Im Winter sollten die Schafe immer so viel Heu zur Verfügung haben, wie sie möchten. (Foto: Paikert)

Boden, sondern geben es in die Raufe. So vermeiden Sie, dass die Schafe darauftreten, es verschmutzen und anschließend nicht mehr fressen.

Für die Schaffütterung am Haus eignen sich kleine Heuballen, die man allein ohne Probleme transportieren kann. Benötigt man kleinere Mengen, kann man bei kleinen Heuballen leicht handliche „Scheiben" abteilen. Kleine Heuballen sind nicht immer leicht zu bekommen, es empfiehlt sich daher, schon früh im Jahr den Heueinkauf für das Jahr zu sichern. Manche Bauern reservieren dann das Heu und geben Bescheid, wenn es gemäht und gepresst wird. Kleinere und größere Rundballen müssen an einem trockenen Ort gelagert werden, nehmen viel Platz in Anspruch und sind weniger handlich.

Silage

In Folie gesäuertes Mähgut ist nur bedingt für die Schaffütterung geeignet. Die enthaltenen Bakterien können das Entstehen einer Listeriose-Erkrankung begünstigen. Verfüttert man schimmelfreie, saubere und optimal gelagerte Silage an Schafe, sollte diese immer mit etwas Heu gemischt werden.

✿ Kraftfutter im Winter

Bei ausreichend Heu als Grundfutter füttern Sie alle Schafe im Winter mit einer Handvoll Kraftfutter zu. Bei trächtigen Muttertieren erhöhen Sie diese Ration auf etwa 150 Gramm pro Tag. Manche Schafe fressen zu hastig, bei ihnen besteht die Gefahr einer Schlundverstopfung. Mischen Sie bei diesen Tieren das Kraftfutter mit einer Handvoll gequollener Rübenschnitzel.

Frisches Zusatzfutter

Sommers wie winters kann Frischfutter in geringen Mengen zugefüttert werden. Verwechseln Sie Ihre Schafe aber bitte nicht mit Ihrer Biomülltonne, indem Sie ihnen wahllos alles vorsetzen, was in der Küche so abfällt.

Mischen Sie Apfelstückchen, Birnen-, Apfel- oder Kartoffelschalen (unbedingt ohne Keime) oder Möh-

ren mit dem Kraftfutter. Bananenschalen und Schalen von Zitrusfrüchten sind wegen der meist hohen Schadstoffbelastung weniger geeignet. Rübenschnitzel sind ebenfalls ein beliebtes Zusatzfutter für Schafe. Hier ist unbedingt darauf zu achten, dass sie eingeweicht werden, bevor man sie verfüttert. Würden sie erst im Magen des Tieres quellen, könnte dies fatale Folgen haben.

Wann gibt's Futter?

Häufiges Zwischenfüttern am Tag führt dazu, dass die Schafe anfangen, ihr Futter durch oftmals lautes Blöken einzufordern. Das kann für Sie und Ihre Nachbarn ganz schön lästig werden. Beschränken Sie sich deshalb auf ein bis zwei Fütterzeiten am Tag, die Sie so gut wie möglich einhalten. Wenn Sie die Tiere pflegen oder behandeln wollen, können Sie sie mit etwas Kraftfutter anlocken. Ziehen Sie diese Ration bei der nächsten Fütterung aber ab.

Das fachgerechte Schneiden der Klauen gehört zur Basispflege, die jedes Schaf braucht. (Foto: Fritschy)

Pflege und Gesundheit

Im Grunde sind Schafe pflegeleichte Tiere. Wer sie gut beobachtet, richtig füttert und regelmäßig die erforderliche Basispflege durchführt, wird viel Freude an den meist sehr gesunden Tieren haben. Hat man nur eine kleine Herde, kann man sich die Pflege einteilen, damit man nicht an einem Tag alle verhältnismäßig anstrengenden Arbeiten erledigen muss.

Klauenpflege

Die Dinge, die man zur Klauenpflege benötigt, sollte man bereitstellen, bevor man beginnt. (Foto: Fritschy)

Schafe sind Paarhufer und haben sogenannte Klauen, die mindestens zweimal, besser viermal im Jahr geschnitten werden sollten. Dafür benötigt man eine Klauenschere und ein Klauenmesser, eventuell noch ein Taschenmesser und Desinfektionsspray. Alles sollte in greifbarer Nähe stehen, wenn man das Schaf zur Klauenpflege hinsetzt.

Erst wird die überstehende Tragwand mit der Klauenschere beschnitten, danach der Klauenballen sowie der Übergang vom Tragrand zum Hornballen. Auch die Spitze der Klauen sowie der Zwischenspalt werden so beschnitten, dass nichts mehr übersteht. Wenn eine deutliche weiße Linie sichtbar wird, die Hornmasse fest ist und nicht stinkt, kann davon ausgegangen werden, dass die Klauen gesund sind.

Bei der sogenannten Moderhinke, einer Erkrankung der Klauen, die durch Schmutzinfektionen auf feuchten Böden entsteht und dringender Behandlung bedarf, muss tiefer geschnitten werden. Lassen Sie sich hier unbedingt von einem Fachmann unterstützen, der Ihnen auch bei gesunden Tieren

Bereits behandelte Tiere können Sie mit einem speziellen Stift kennzeichnen, den Sie im Fachhandel erhalten. Bei der Schur erübrigt sich diese Kennzeichnung, denn man sieht ganz von selbst, wer die Jacke schon ausgezogen hat.

Zuerst schneidet man den überstehenden Tragrand mit der Klauenschere ab. Spitze und Zwischenspalt können mit einem Klauenmesser geschnitten werden. Bitte lassen Sie sich das Klauenschneiden aber unbedingt von einem erfahrenen Schäfer zeigen, bevor Sie sich selbst an diese Arbeit heranwagen. (Foto: Fritschy)

zeigen kann, wie es geht. Bei vorliegender Moderhinke müssen alle erkrankten Teile herausgeschnitten werden, was manchmal zu Blutungen führen kann. Das Auftragen eines Breitspektrum-Antibiotikums auf die Wundfläche führt in den meisten Fällen zu einer Heilung. Trotzdem müssen befallene Tiere auf trockenen Boden gestellt und sorgfältig beobachtet werden.

Scheren

Die meisten Schafrassen müssen im Frühjahr geschoren werden, da sie ihre Wolle nicht selbst verlieren. Dies nicht zu tun ist Tierquälerei, denn die Schafe bekommen in einem heißen Sommer einen möglicherweise lebensbedrohlichen Hitzestau. Neben dem nutzbaren Wollertrag kann man auch den schönen Moment genießen, wenn die frisch geschorenen Schafe erleichtert auf der Wiese herumspringen. Manche Schafhalter scheren ihre Tiere im

Herbst noch ein zweites Mal, allerdings nur an der Hinterhand. Dies ist beim Ablammen hygienischer, setzt aber voraus, dass die Tiere einen wärmenden Stall zur Verfügung haben.

Mich friert's!

Bitte scheren Sie Ihre Schafe nicht zu früh im Jahr. Der Mai ist ein geeigneter Monat, da es vorher noch zu Nachtfrösten kommen kann, bei denen die Tiere ohne ihre Wolle nicht nur frieren, sondern aufgrund der Unterkühlung auch krank werden können.

Schafe scheren kann man lernen, sollte aber auch hier für den Anfang einen Fachmann zurate ziehen. Es gibt einiges zu beachten, was man als Anfänger leicht falsch machen kann.

Die Schafe können mit einer elektrischen Schermaschine oder per Hand mit einer speziellen Schere geschoren werden. Letzteres ist sehr mühsam und dauert bei ungeübten Scherern mehr als eine Stunde pro Schaf. Wenn man seine Schafe nicht selbst scheren will, kann man sich meist mit einem Schafhalter in der Nähe zusammentun. Meist ist der professionelle Schafscherer bereit, gegen ein entsprechendes Entgelt vorbeizukommen und die Tiere

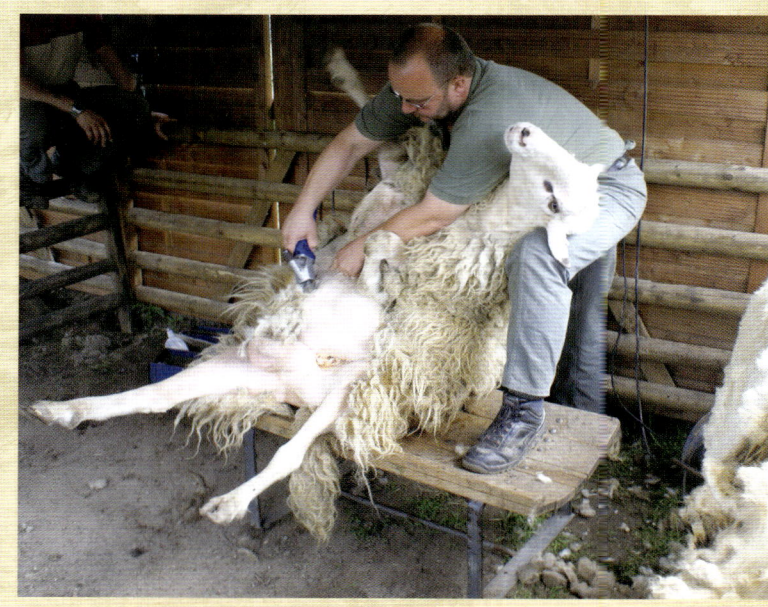

Geübte Schafscherer befreien Schafe innerhalb weniger Minuten von ihrer Wolle. (Foto: Tiergarten Kleve/Cornelissen)

ebenfalls zu scheren. Geübte Schafscherer können innerhalb weniger Minuten ein ganzes Schaf ordentlich mit der Schermaschine scheren.

Grundsätzlich zu beachten ist, dass die Schafe beim Scheren nicht mehrfach von einer Seite zur anderen „gerollt" werden. Dies kann zu einer Verlegung der Organe und einer Aufgasung des Pansens führen. Setzen Sie das Schaf zum Scheren hin, scheren Sie erst die eine Seite und gehen Sie dann systematisch auf die andere Seite über, sobald die Hälfte des Schafs geschoren ist. Ziel ist es, nach getaner Arbeit ein zusammenhängendes Wollvlies in den Händen zu halten und nicht viele einzelne Stücke. Die elektrische Schermaschine hat einen Abstandhalter, sodass Sie das Schaf gleichmäßig scheren können. Wenn Sie die Maschine parallel zur Haut halten, verringert sich auch die Gefahr, dass Sie in die Haut schneiden. Bitte scheren Sie nicht einfach drauflos, sondern ach-

ten Sie penibel auf Zitzen, Achselfalten und Geschlechtsteile des Schafs. Sollten Sie das Tier beim Scheren ungewollt verletzen, müssen Sie die entstandene Wunde unbedingt bis zur Heilung behandeln und beobachten. Bei kleinen Wunden reicht ein antibiotisches Spray, tiefere Verletzungen bedürfen möglicherweise einer Behandlung durch den Tierarzt.

Wurmkur

Schafe sind Wirte für verschiedenartige Würmer, deren Auftreten erfolgreich mit der regelmäßigen Durchführung von Wurmkuren behandelt werden können. Vor allem Magen- und Darmwürmer treiben bei Schafen gern ihr Unwesen. Die Tiere scheiden die Wurmeier aus, die sich dann außerhalb der Tiere zu Larven entwickeln und mit dem Grünfutter wieder aufgenommen werden. Häufig findet man bei befallenen Schafen Lungenwürmer und den sogenannten Schafbandwurm. Um den Wurmbefall zu minimieren, empfiehlt es sich, eine Weide nicht zu lange beweiden zu lassen. In den Ruhezeiten sterben die Parasiten ab, außerdem entsteht bei einer zu langen Weidezeit und zu engem Raum ein zu starker Kotbefall der Weide, was die Entwicklung der Würmer begünstigt.

der Gabe von Wurmkurpellets gewährleistet werden, dass von jedem Tier die vorgesehene Menge aufgenommen wird, indem man die abgemessene Menge in Schalen oder Futtereimern jedem Tier einzeln anbietet. Bei einem größeren Bestand hat sich die Wurmkurgabe über einen Applikator oder eine spezielle Wurmkurpumpe bewährt. Das Schaf sollte bei der Behandlung mit dem Applikator oder der Pumpe hingesetzt werden. Halten Sie dabei den Kopf des Schafes so, dass es gut schlucken kann, das Präparat aber nicht aus dem Maul läuft.

Lämmer sollten das erste Mal im Alter von etwa sechs Wochen entwurmt werden, danach wiederum etwa alle sechs Wochen. Lassen Sie sich bezüglich der verwendeten Präparate von Ihrem Tierarzt beraten, um zu vermeiden, dass Resistenzen begünstigt werden.

Wurmkur nicht vergessen!

Kombinieren Sie die Verabreichung der Wurmkur mit der weiteren Pflege und Betreuung Ihrer Schafe. Wurmkuren sollten etwa viermal im Jahr durchgeführt werden. Es ist sinnvoll, die Tiere bei der Anweidung im Frühjahr, grundsätzlich bei Weidewechseln und nach dem Ablammen gegen Würmer zu behandeln. Bevor die Schafe im Winter in den Stall kommen, empfiehlt sich eine weitere Wurmkurgabe.

Innenparasiten beim Schaf:

- Schafbandwurm
- Kokzidien
- Lungenwürmer
- Leberegel
- Magen-Darm-Nematoden

Wurmkuren werden oral verabreicht. Dabei stehen flüssige Präparate, die den Tieren über einen Applikator ins Maul gegeben werden, sowie Pellets zur Verfügung. Bei kleinem Bestand kann bei

Nehmen Sie die Behandlung Ihrer Schafe gegen Innenparasiten (Endoparasiten) bitte sehr ernst. Ein Befall ist die häufigste Ursache für eine Erkrankung und den Verlust der Tiere.

Untersuchen Sie regelmäßig die Wolle Ihrer Schafe auf Ektoparasiten und behandeln Sie vorbeugend.
(Foto: Paikert)

Vorbeugung gegen Ektoparasiten

Schafe sind mit ihrer Wolle für Parasiten, die von außen kommen, sehr einladend und müssen regelmäßig auf einen Befall hin überprüft werden. Schafläuse, Schaflausfliegen, Haarlinge, aber auch schädliche Insekten wie die Kriebelmücke und die Rachenbremse können die Schafe befallen und großen Schaden anrichten. Auch die Blauzungenkrankheit wird durch Ektoparasiten in Form einer Mückenart übertragen. Ein zusätzlicher Schutz der Tiere durch ein Mittel, das die Ektoparasiten sicher auf Abstand hält, ist zu empfehlen. Lassen Sie sich bezüglich des geeigneten Stoffes und der Darreichungsform beraten.

Nach der Schur sollte die Haut des Schafes sorgfältig auf Ektoparasiten hin kontrolliert werden. Entdeckt man einen Befall, kann dieser sofort gezielt behandelt werden.

Fliegenmaden

Eine der schlimmsten durch Parasiten verursachten Erkrankungen bei Schafen, die Myiasis, wird durch den Befall der Tiere mit den Larven (Maden) von Schmeißfliegen verursacht. Sie bohren sich in die Haut und ernähren sich vom Gewebe und Blut des Schafes. Dadurch entstehen äußere und innere Verletzungen, die unbehandelt zum Tod des Tieres führen können. Die regelmäßige Behandlung mit einem wirkungsvollen Ektoparasitikum verhindert einen Befall.

Impfung

Lämmer sollten nach den ersten drei Lebenswochen gegen die sogenannte Breiniere geimpft werden. Diese entsteht durch Darmbakterien, die bei zu guter Ernährung für die Lämmer giftig werden können. Wenn die Mutter gegen Breinieren geimpft ist, überträgt sie die Antikörper über die Biestmilch (Kolostrum) auf die Lämmer. Diese brauchen dann erst mit etwa acht bis zehn Wochen geimpft zu werden, weil sie dann ihr eigenes Immunsystem aufbauen. Es gibt eine kombinierte Impfung gegen Breiniere und Tetanus, die für alle Schafe zu empfehlen ist. Auch eine Kombination mit anderen Impfstoffen kann sinnvoll sein. Es empfiehlt sich außerdem, die Schafe gegen Erkrankungen zu impfen, die durch Cloristridien hervorgerufen werden, da sie Verursacher für eine gefährliche Darmentzündung sein können.

Je nachdem, was man mit seinen Schafen vorhat, ist die Impfung auch eine wirtschaftliche Überlegung, zumal nach allen Impfungen eine Wartezeit vor der Schlachtung erforderlich ist.

Gegen die Blauzungenkrankheit wird in den meisten EU-Mitgliedsstaaten großflächig geimpft. Diese Impfung ist verpflichtend und muss vom zuständigen Tierarzt durchgeführt und gemeldet werden.

Die Stallapotheke

Als Hobbyschafhalter sollte man sich, was Medikamente betrifft, zu Beginn lieber auf den Vorrat des Tierarztes verlassen. Bei wenigen Schafen lohnt es sich nicht, verschiedene Medikamente vorrätig zu haben, da sie unter Umständen leicht verderben und dann nicht mehr wirksam sind, wenn man sie

braucht. Suchen Sie sich einen gut erreichbaren Tierarzt, der etwas von Schafen versteht und Ihnen zeitnah helfen kann. Denn vor allem bei Pansenstörungen und Darmerkrankungen ist schnelle Hilfe vonnöten. Möglicherweise kann Ihr Tierarzt Ihnen einige Notfallmaßnahmen zeigen, damit Sie schnell reagieren können. Außer Medikamenten sollten aber einige grundsätzliche Dinge in Ihrer Schäferapotheke immer vorhanden sein.

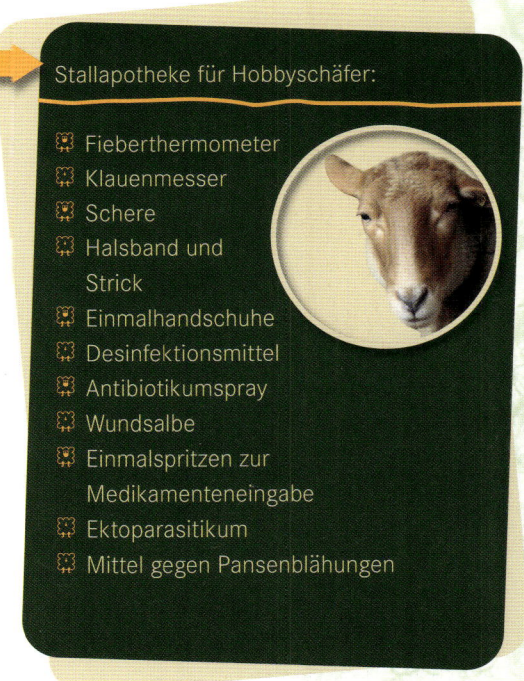

Stallapotheke für Hobbyschäfer:

- Fieberthermometer
- Klauenmesser
- Schere
- Halsband und Strick
- Einmalhandschuhe
- Desinfektionsmittel
- Antibiotikumspray
- Wundsalbe
- Einmalspritzen zur Medikamenteneingabe
- Ektoparasitikum
- Mittel gegen Pansenblähungen

Binden Sie das Fieberthermometer an eine dickere Schnur oder besorgen Sie sich eines mit einem speziellen Clip, damit es beim Fiebermessen nicht im Schaf verschwindet.

Dieses Schaf liegt beim Fressen auf den Karpalgelenken, um seine schmerzenden Klauen zu entlasten. Es hat Moderhinke im fortgeschrittenen Stadium und muss dringend behandelt werden.
(Foto: Paikert)

Schafkrankheiten

Beobachten Sie Ihre Schafe ganz genau und kontrollieren Sie auch die Tiere auf weiter entfernten Wiesen mindestens einmal täglich. Kranke Schafe verhalten sich meist erkennbar anders, manchmal sind sie aber auch nur langsamer als die anderen oder bleiben auffallend lang an einer Stelle liegen. Schauen Sie bitte immer, ob eines Ihrer Tiere Durchfall hat, und handeln Sie sofort, da dies immer ein Hinweis auf eine schwerere Erkrankung sein kann. Nehmen Sie Lahmheiten genauso wenig auf die leichte Schulter wie vermehrtes Scheuern oder die Ablehnung von gewohntem Futter.

Das gesunde Schaf hat eine Körpertemperatur von 38,5 bis 40,0 °C sowie 70 bis 80 Pulsschläge pro Minute. Fieber messen sollten Sie immer dann, wenn ein Schaf ungewohntes Verhalten zeigt, matt oder apathisch ist und das Futter verweigert. Sie können so dem Tierarzt bereits am Telefon möglicherweise wichtige Auskünfte geben.

Diese Krankheiten sind die wichtigsten meldepflichtigen Schafkrankheiten, bei denen es außerdem aufgrund der Seuchengefahr Vorschriften für weiteres Vorgehen gibt:

- Scrapie
- Maul- und Klauenseuche
- Blauzungenkrankheit
- Maedi-Visna-Virus
- Listeriose

Scrapie ist vergleichbar mit BSE bei Rindern. Zu exportierende oder importierende Tiere müssen amtstierärztlich auf diese Krankheit hin überprüft werden. Auch die Maul- und Klauenseuche ist eine meldepflichtige, hoch ansteckende Tierseuche, die sich bei Schafen vor allem durch hochgradige Lahmheiten und in manchen Fällen vorkommende Schleimhautaphten äußert. Erwachsene Tiere können bei Behandlung diese Krankheit überleben, es sei denn, der gesamte Bestand muss wegen der Tierseuchenverbreitung getötet werden. Lämmer sind meist stärker betroffen, haben Fieber und Durchfall und sterben eher an der Maul- und Klauenseuche.

Das Maedi-Visna-Virus kann zu einer chronischen Erkrankung der Lunge und des Nervensystems führen. Eine Infizierung mit dem Virus muss aber nicht zwangsläufig zum Ausbruch der Krankheit führen, zumal die Inkubationszeit mehrere Jahre betragen kann.

Bei der Listeriose gibt es verschiedene Erscheinungsformen, die häufigste ist die zerebrale Form, bei der die Schafe teilnahmslos mit gesenktem Kopf herumstehen, sich an den Stallwänden abstützen und zusätzlich eine starke Bindehautentzündung aufweisen. Lämmer mit Listeriose haben starken Durchfall, Fieber und trinken nicht oder nur wenig. Diese Krankheit endet in den meisten Fällen leider tödlich, eine Behandlung der Form, die ausschließlich als starke Bindehautentzündung auftritt, ist möglich.

Auch wenn dies alles sehr erschreckend klingt, sollte es Sie nicht davon abhalten, sich Schafe anzuschaffen. Zum einen hat man diese Erkrankungen zurzeit recht gut im Griff, zum anderen gibt es viele gesunde Schafbestände, in denen keine dieser Seuchen bisher aufgetreten ist. Es ist allerdings wichtig, Schafe vor dem Kauf untersuchen zu lassen und zu vermeiden, dass man sich bereits erkrankte Tiere in einen gesunden Bestand holt.

Krankheiten in der Lammzeit

Sowohl Muttertiere als auch Lämmer können in der Lammzeit unterschiedliche Krankheiten bekommen, die in den meisten Fällen bei frühzeitiger Behandlung gut in den Griff zu bekommen sind.

Muttertiere und Lämmer können meist erfolgreich behandelt werden, wenn man Krankheiten in der Lammzeit rechtzeitig erkennt.
(Foto: JBTierfoto)

Milchkrankheit

Bei dieser Erkrankung sinkt der Kalziumgehalt im Blut des Muttertiers. Das Schaf läuft wacklig, zittert, ist schreckhaft und kommt im schlimmsten Fall nicht mehr auf die Beine.

 **Vorbeugung und Behandlung**

Vorbeugend sollte darauf geachtet werden, dass die Schafe während der Trächtigkeit nicht zu fett werden und auch kein Wechsel des Futters während dieser Zeit stattfindet.
Im akuten Fall hilft hier eine Kalziuminfusion oder Kalziumgabe über das Futter.

Schleppende Milchkrankheit

Vor allem bei Mehrlingsträchtigkeiten kann es passieren, dass das Muttertier zu wenig Nahrung erhält. Dadurch sinkt der Blutzuckergehalt und es wird auf Fettreserven zurückgegriffen. Die Tiere werden schlapp, laufen unsicher und fressen nicht mehr. Unbehandelt führt diese Krankheit zum Tod innerhalb weniger Tage.

 Vorbeugung und Behandlung

Eine ausgewogene Fütterung während der Trächtigkeit beugt der schleppenden Milchkrankheit vor. Es ist dabei unbedingt darauf zu achten, dass alle Muttertiere bei der Fütterung genügend Kraftfutter erhalten. Ausreichend lange Futterkrippen ermöglichen allen Schafen, in Ruhe die Menge aufzunehmen, die sie benötigen. Im Frühstadium kann die Erkrankung durch eine erhöhte Energiezufuhr behandelt werden, durch die der Abbau der körpereigenen Fettreserven gestoppt wird.

Magnesiummangel

Dieser Mangel kann bei Muttertieren und Lämmern auftreten. Die Tiere zeigen Krämpfe, fallen hin, haben Schaum vor dem Maul und rudern mit den Beinen.

 Vorbeugung und Behandlung

Man kann das Weidegras mit einem magnesiumhaltigen Streuprodukt vorbehandeln. Das Gras sollte zudem nicht zu eiweißreich sein und die Schafe sollten Kraftfutter bekommen. Im akuten Fall ist eine Infusion mit einem kombinierten Kalzium-Magnesium-Präparat das Mittel der Wahl.

Milchlahmheit

Diese Krankheit entsteht durch einen Mangel an Phosphor und Vitamin D. Nach der Trächtigkeit und während des Milchgebens besteht ein größerer Mineralstoffbedarf. Dadurch, dass die Mineralien bei einem Mangel im Futter den Knochen entzogen werden, entsteht Lahmheit.

 Vorbeugung und Behandlung

Bei der Fütterung kann in dieser Zeit der Kalzium- und Phosphorgehalt des Futters erhöht werden. Eine zusätzliche Kraftfuttergabe sowie die Fütterung von Heu statt Silage beugen ebenfalls vor. Tritt die Krankheit auf, wird Vitamin D gegeben, damit Mineralstoffe über den

Darm besser aufgenommen werden können. Man kann die Schafe auch scheren, damit sie durch die Sonneneinstrahlung Vitamin D über die Haut aufnehmen können. Es darf aber nicht mehr zu kalt sein. Möglicherweise ist ein Aufstallen über Nacht erforderlich.

🐑 Nabelentzündung

Lämmer mit einer Nabelentzündung stehen mit krummem Rücken, trinken schlecht und haben einen geschwollenen, warmen und schmerzhaften Nabel.

➡ Vorbeugung und Behandlung

Zur Vorbeugung sollte der Nabel nach der Geburt mit Jod desinfiziert werden. Allerdings erst dann, wenn das Lamm trocken ist, damit die Mutter es nicht ablehnt. Wenn der Nabel entzündet ist, ist ein Antibiotikum erforderlich.

Moderhinke

Schafe mit Moderhinke gehen lahm, liegen im fortgeschrittenen Stadium sogar beim Fressen auf den Karpalgelenken und bewegen sich auch so vorwärts. Es handelt sich bei dieser ansteckenden Erkrankung um eine bakterielle Infektion der Klauen. Das Horn der Klauen zersetzt sich und greift auch die Lederhaut an. Feuchte Standflächen begünstigen den Befall.

➡ Vorbeugung und Behandlung

Die befallenen Stellen müssen sorgfältig ausgeschnitten und anschließend mit einem antibiotikumhaltigen Spray behandelt werden. Da man manchmal tief schneiden muss und Blutungen nicht immer zu vermeiden sind, sollte man bei schweren Fällen unbedingt einen Fachmann zu Hilfe holen.

So sieht fortgeschrittene Moderhinke aus. Bitte überlassen Sie das tiefe Ausschneiden einem Fachmann.

Abschließend werden die Klauen mit einem antibiotikumhaltigen Spray behandelt. (Fotos: Fritschy)

Durch regelmäßige Klauenpflege, einen trockenen und sauberen Untergrund und regelmäßige Desinfektion der Klauen kann man dieser Erkrankung vorbeugen.

Parasitenbefall

Grundsätzlich ist es wichtig, die Verbreitung von Krankheitserregern im Stall und auf der Weide einzugrenzen. Dazu gehört auch die Vorbeugung und Behandlung gegen Parasiten, die von außen kommen, wie Läuse, Milben und Haarlinge, sowie gegen Innenparasiten, wie Lungenwürmer, Schafbandwürmer oder Leberegel. Schädlinge, die von außen kommen, können nicht nur das Wollkleid des Schafs, sondern auch das Tier selbst nachhaltig schädigen. Noch gefährlicher für die Tiere sind aber die Innenparasiten, die im empfindlichen Magen und Darm ihr Unwesen treiben. Sie entwickeln sich im Stall und auf der Weide, werden von den Schafen aber über das Futter aufgenommen.

Kehlgangsödem oder Flaschenhals

Wenn Schafe eine flaschenartige und flüssigkeitsgefüllte Verdickung am Unterkiefer zeigen, die einen lockeren Hautsack bildet, handelt es sich meist um ein Kehlgangsödem, das ein Zeichen für starke Verwurmung der Tiere oder einen Befall mit Leberegeln ist.

Vorbeugung und Behandlung

Einer starken Verwurmung ist, wie bereits mehrfach erwähnt, mit einer regelmäßigen Entwurmung mittels verschiedener Wurmmittel vorzubeugen. Bei starkem Befall ist die Entnahme einer Kotprobe sinnvoll, um gezielt behandeln zu können. Rücksprache mit dem behandelnden Tierarzt ist dringend erforderlich.

Myasis oder Fliegenlarvenkrankheit

Bei dieser Erkrankung werden Fliegenlarven auf dem Körper der Schafe abgelegt, die sich in die Wolle und später in der Haut einnisten. Dort können sie sich in den Körper des Tieres bohren, um sich dann von Gewebe und Blut des Schafs zu ernähren. Sie führen nicht nur zu schlecht heilenden Wunden und inneren Verletzungen des Schafs, sondern können bei ausbleibender Behandlung auch den Tod des Tieres bedeuten.

Vorbeugung und Behandlung

Zunächst einmal gilt es, dem Fliegenbefall, vor allem in den Sommermonaten, vorzubeugen. Dazu gibt es geeignete Mittel, die im Abstand von einigen Wochen auf die Haut des Tieres aufgebracht werden. Oft sind die Packungsmengen sehr groß, lassen Sie sich deshalb von Ihrem Tierarzt die benötigte Menge für einen bestimmten Zeitraum geben, damit die Qualität des Mittels erhalten bleibt.

Untersuchen Sie die Ohren und die Wolle der Tiere regelmäßig auf Schädlinge. Vor allem nach der Schur kann man die Haut gründlich auf einen Befall hin untersuchen. Im Frühstadium ist eine Behandlung der befallenen Hautstellen durch Waschen mit einer speziellen Lösung und Aufsprühen von Aluminiumspray möglich. Bei einem stärkeren Befall sollten Sie unbedingt den Tierarzt hinzuziehen.

Bitte achten Sie darauf, ob ein möglicherweise krankes Schaf wiederkäut. Tut es dies nicht, kann dies ein Hinweis auf eine Pansenstörung sein. (Foto: Tierfotoagentur.de/AVD)

Pansenstörungen

Wenn Schafe nicht oder nur wenig fressen und ein anderes Verhalten oder eine veränderte Körperhaltung zeigen als gewöhnlich, kann dies auf Verdauungsprobleme hindeuten. Möglicherweise hat gerade eine Futterumstellung stattgefunden, das Schaf hat etwas Falsches oder zu viel Futter zu sich genommen.

Pansenblähung

Wenn der Bauch an der linken Seite des Schafs aufgebläht ist, was bei viel Wolle nicht sofort sichtbar, bei näherer Untersuchung aber fühlbar ist, kann man davon ausgehen, dass eine Pansenblähung vorliegt. Dabei kann es sein, dass das Tier bei erhöhter Gasbildung im Pansen nicht wiederkäuen kann, weil es nicht möglich ist, die Nahrung wieder zurück in die Maulhöhle zu befördern. Legen Sie Ihre Hand auf der linken Seite des Schafs hinter den letzten Rippenbogen. Dann können Sie den Pansen ertasten und feststellen, ob normale wellenförmige Bewegungen zu fühlen sind, oder ob der Pansen so stark gebläht ist, dass sich die Haut fest darüberspannt.

Vorbeugung und Behandlung

Abrupte Futterumstellungen, übermäßige oder auch zu geringe Fütterung kann Pansenblähungen begünstigen. Wenn die wellenförmige Bewegung des Pansens noch spürbar ist, kann man versuchen, das Schaf durch die Verabreichung eines Pansenstimulanzmittels zum Wiederkäuen anzuregen. Ein solches Mittel sollte in jedem Fall in der Stallapotheke vorhanden sein. Beginnt das Tier nicht relativ bald mit dem Aufrülpsen und Wiederkäuen, sollte man einen Tierarzt rufen, der bei dieser Art der Erkrankung schnell zur Stelle sein sollte.

🐑 Kleinschäumige Gärung

Es gibt verschiedene Formen von Blähungen des Pansens. Bei der kleinschäumigen Gärung ist höchste Vorsicht geboten. Diese Erkrankung kann durch eine vermehrte Aufnahme eiweißhaltiger Pflanzen entstehen und recht schnell zum Tod des Tieres führen. Bei der kleinschäumigen Gärung kann man beim Abklopfen des Pansens die physiologisch gegebene Gasblase nicht hören. Rufen Sie unbedingt den Tierarzt, der schnellstmöglich kommen sollte.

➡ Vorbeugung und Behandlung

Eine Vorbeugung ist bedingt möglich, indem man auf ein langsames Anweiden frischer Wiesen achtet. Manche Schafhalter geben den Tieren in diesen Fällen mithilfe der Wurmkurpistole eine kleine Menge Pflanzenöl ein. Dies soll dazu führen, dass die Tiere das Gas wieder aufrülpsen können. Gerade als Anfänger in der Schafhaltung sollte diese Methode den Besuch des Tierarztes aber nicht ersetzen.

🐑 Pansenalkalose

Pansenalkalose ist auf die Fütterung von zu eiweißhaltigem, verunreinigtem, gefrorenem oder verfaultem Futter zurückzuführen. Die Schafe zeigen Appetitlosigkeit, kein Wiederkäuen und in manchen Fällen starken Durchfall. Im fortgeschrittenen Stadium sind sogar Lähmungserscheinungen zu beobachten. Auch hier ist der Tierarzt gefragt, außerdem muss eine Ursachenbekämpfung stattfinden.

➡ Vorbeugung und Behandlung

Vermeiden Sie die Fütterung verunreinigten Futters und achten Sie bitte darauf, dass Ihre Schafe nicht von anderen Personen mit etwas gefüttert werden, das ihnen womöglich schaden könnte.

Darmerkrankungen

Für beginnende Schafhalter ist es schwierig, eine Störung des Darms oder auch des Labmagens festzustellen. Grundsätzlich empfiehlt es sich deshalb, bei allen Anzeichen für Erkrankungen der Verdauungsorgane beim Schaf den Tierarzt hinzuzuziehen.

🐑 Darmentzündung

Eine Darmentzündung wird durch Keime verursacht, die die Tiere im Stall und auf der Weide aufnehmen

Die Impfung aller Schafbestände soll die Infektion mit der Blauzungenkrankheit verhindern.
(Foto: Nau)

können. In jedem Fall empfiehlt sich eine tierärztlich begleitete Behandlung mit einem entsprechenden Antibiotikum.

Infektionskrankheiten

Infektionskrankheiten werden durch Erreger hervorgerufen, die sich unter Umständen bereits über einen längeren Zeitraum im Körper des Tieres befinden können. Sie werden auf unterschiedliche Weise übertragen.

🐑 Blauzungenkrankheit

Die Blauzungenkrankheit ist eine virale Infektionskrankheit von Wiederkäuern, die nicht von Tieren auf Menschen übergehen kann. Der Blauzungenvirus wird durch Mücken übertragen, die zu den sogenannten Gnitzen gehören. Es handelt sich hier um eine Tierseuche, die unbedingt meldepflichtig ist. Die Schleimhäute der Tiere, vor allem die Zunge, schwellen stark an und werden bläulich oder blutig. Eine Futteraufnahme ist in schweren Fällen nicht mehr möglich. Fieber und ein insgesamt schlechter Allgemeinzustand kennzeichnen diese Erkrankung. Die Tiere haben Schmerzen und müssen dringend behandelt werden.

➡️ Vorbeugung und Behandlung
Eine Impfung gegen die Blauzungenkrankheit ist inzwischen in Ländern mit starker Verbreitung der Krankheit vorgeschrieben und wird teilweise subventioniert. Sprechen Sie Ihren Tierarzt darauf an, der Sie bezüglich der erforderlichen Maßnahmen beraten und die Impfung durchführen kann.
Außerdem ist eine lückenlose Vorbeugung gegen Ektoparasiten erforderlich, um die Gefahr der Übertragung so gering wie möglich zu halten.

Auch Lämmer können
an Schafrotz erkranken.
(Foto: Tierfotoagentur.de/PM)

Lippengrind

Diese Erkrankung befällt vor allem Lämmer und äußert sich durch eine Schorfbildung im Maulbereich. Sie wird ebenfalls durch ein Virus hervorgerufen und muss tierärztlich behandelt werden. Seltener ist ein Befall der Schleimhäute an den Genitalien und auch an den Fesseln und Klauen zu beobachten.

 Vorbeugung und Behandlung

Außer einer artgerechten und gesunden Haltung ist eine Vorbeugung nicht möglich. Es kommt immer wieder vor, dass diese Krankheit eingeschleppt wird, wenn ein fremdes Tier hinzukommt was vor allem der Fall ist, wenn ein Schafbock hinzugekauft oder ausgeliehen wird. Hier ist vor der Übernahme des neuen Tieres darauf zu achten, dass kein Befall vorliegt.

Eine Behandlung der Symptome, Verabreichung geeigneter Antibiotika sowie eine Unterstützung des Immunsystems führen in den meisten Fällen zu einer Heilung, auch unbehandelt konnte ein Rückgang der Symptome beobachtet werden, man sollte aber immer danach streben, den Zustand für die Tiere zu mildern, und deshalb auf jeden Fall die Symptome behandeln.

Pasteurellose oder Schafrotz

Diese Erkrankung der Atemwege kann auch Schafe treffen, die unter optimalen Haltungsbedingungen leben. Es zeigt sich ein deutlicher, oft eitriger Nasenausfluss, außerdem haben die Tiere Atemprobleme und husten gelegentlich.

Vorbeugung und Behandlung

Eine Vorbeugung ist kaum möglich, da diese Erkrankung selbst bei optimalen Haltungsbedingungen auftreten kann. Vor Beginn einer Behandlung mit Antibiotika sollte erst ein Nachweis des Erregers erfolgen, um gezielt behandeln zu können. Eine zusätzliche Verabreichung entzündungshemmender Präparate erscheint sinnvoll.

Vergiftungen

Vergiftungen durch Pflanzen kommen nur selten vor, da Schafe diese meiden, wenn sie ansonsten ausreichend zu fressen haben. Eine Vergiftung durch direkte Aufnahme eines Düngemittels auf der Weide kann nicht immer eindeutig diagnostiziert werden, da betroffene Schafe Krankheitsanzeichen zeigen, die auch auf andere Krankheiten hindeuten können. Eine Vorbeugung ist aber dadurch möglich, dass man Schafe erst dann wieder auf eine gedüngte Weide lässt, wenn es nachhaltig geregnet hat. Warten Sie lieber etwas länger, um kein Risiko einer Erkrankung Ihrer Tiere einzugehen.

Kupfervergiftungen können alle Wiederkäuer betreffen, da sie nur eine geringe Menge Kupfer vertragen können. Eine Kupfervergiftung bei Schafen kann durch die Gabe eines ungeeigneten Futtermittels entstehen, wenn der Kupfergehalt zu hoch ist. Füttern Sie deshalb immer nur speziell für Schafe vorgesehenes Futter. Achtung: Wenn Sie Pferde und Schafe halten, kann es bei Schafen zu Kupfervergiftungen kommen, sollten sie ungewollt Pferdefutter aufnehmen, das einen zu hohen Kupfergehalt hat. Bei Vergiftungen können Schafe unter anderem apathisches Verhalten zeigen, möglicherweise auffallend viel trinken, stark husten und blutigen Durchfall haben. Der Tierarzt behandelt mit kreislaufstärkenden Mitteln, eventuell Glaubersalz zum Ausschwemmen des giftigen Stoffs, Mitteln zur Förderung der Nierenfunktion und wenn möglich mit Gegenmitteln.

Adressen rund ums Schaf

 Schafzuchtverbände

Vereinigung Deutscher Landesschafzuchtverbände
Godesberger Allee 142–148
D-53175 Bonn
www.bundesverband-schafe.de

Schweizerischer Schafzuchtverband
Industriestrasse 9
CH-3362 Niederönz
www.caprovis.ch

Arbeitsgemeinschaft der Schafzuchtverbände Österreichs
Löwelstraße 12
A-1014 Wien

 Erhaltung alter und gefährdeter Schafrassen

Gesellschaft zur Erhaltung alter und gefährdeter Haustierrassen
www.g-e-h.de

Schweizerische Stiftung für die kulturhistorische und
genetische Vielfalt von Pflanzen und Tieren
www.prospecierara.ch

Verein zur Erhaltung gefährdeter Haustierrassen in Österreich
www.arche-austria.at

 Schafe und Schafprodukte

Blaue Schafe
Blauschäferei Rainer Bonk
www.blaue-schafe.de

Alte Schafrassen und Hofladen
www.gut-heimendahl.de

Herdwick-, Ryeland- und Hampshire-Down-Schafe,
Wolle und Pullover
www.thedutchcottage.nl

Gotlandschafe und Kleidung
Gute Får
Johannahoeveweg 3
NL 6361 WH Oosterbeek
www.gutefar.nl

Die Autorin mit ihrem Border Collie Julie.
(Foto: Fritschy)

Danke

Sehr herzlich danke ich allen, die mich bei der Entstehung dieses Buches unterstützt haben, allen voran Kiki und Jan Visser, von denen ich nicht nur meine ersten Herdwick-Schafe bekam, sondern die auch Wissen, Erfahrung und Fotos beigesteuert haben. In The Dutch Cottage züchten sie Herdwicks, Ryelands und Hampshire-Down-Schafe, spinnen und färben Wolle und stricken einzigartige Schafwollpullover. Jürgen Kapic danke ich für die Darstellung praktischer Situationen und für die hervorragende Tierversorgung. Meinem Mann Frank Fritschy danke ich für die Hilfe bei der Arbeit mit den Schafen, für den wunderschönen Schafstall und unzählige Cappuccinos; Barbara Paikert für die unermüdlichen Fototouren, Judith Hoymann und Martina Nau für die mentale Unterstützung und Fred Elbers für die viele Arbeit, die er mir abgenommen hat, damit Zeit blieb, dieses Buch zu schreiben. Ich danke Annette Peters, die dafür gesorgt hat, dass wir trotz der Arbeit am Buch nicht verwahrlost sind, sowie Dietmar Cornelissen und dem Verein Tiergarten Kleve für Models und Fotos. Familie von Heimendahl aus Kempen am Niederrhein danke ich für die Möglichkeit, Fotos auf Gut Heimendahl zu machen, Benita von Heimendahl für den Spinnkurs und Peter Smits für die Unterstützung beim Endspurt. Meinem Border Collie Julie danke ich für das Einsammeln der Schafe und meinen Herdwick-Schafen für ihr Lächeln.

Stichwortregister

- Abhänger 44
- Ablammen 12, 38, 61
- Absetzen 43
- Antibiotikum 61, 69, 73
- Arkal 9
- Aue 23
- Balwen-Welsh-Mountain 12
- Behandlung .... 23, 31, 32, 35, 51, 60, 62, 63, 67 ff.
- Bentheimer Schafe 12
- Bergschafe........................15, 17
- Biestmilch....................... 41, 65
- Bindehautentzündung...................... 67
- Black-Welsh-Mountain-Schaf 15, 45
- Blauschaf........................... 22
- Blauzungenkrankheit 64, 65, 73
- Bock ....10, 14, 18 ff., 23, 28, 32, 34, 37, 38, 43, 74
- Breiniere 65
- Brunst 16, 34, 38
- Cloristridien 65
- Coburger Fuchsschaf 13
- Darmentzündung 65, 72
- Deckgeschirr 38
- Decksaison 43
- Düngung 27, 55
- Einfangen 16, 23, 31, 32, 34, 36, 44
- Ektoparasiten....................... 64, 73
- Endoparasiten 63, 70
- Euter 41, 43
- Euterentzündung 43
- Färben 15, 46, 47
- Fehllage 41
- Fieber .... 65 ff., 73
- Filzen 13, 46, 47
- Flaschenhals 70
- Fleisch 9, 14, 18, 21, 44, 45, 47, 48
- Fleischschafe.....................10, 19, 45
- Fliegenlarven 70
- Fluchttier 25, 33
- Fruchthülle........................ 40
- Futter................ 11, 12, 14, 21, 23, 26, 30, 32 ff., 37, 38, 42, 44, 49 ff., 63, 66, 68, 70 ff., 75

- Futterttrog 32, 50
- Gärung, kleinschäumige 72
- Gatter .... 32 ff., 39, 42
- Geburt.............12, 15, 38 ff., 56, 69
- Geschlechtsreife 37, 38, 43
- Giftpflanzen 30
- Gnitzen 73
- Gotlandschaf......................... 17, 18
- Gras................. 26, 28 ff., 52, 53, 55, 68
- Haarschafe 22
- Heidschnucke 13, 14, 26, 38, 44, 45
- Herdbuchzucht 14, 36, 44
- Herde 9, 11, 18, 23, 25, 33, 34, 38, 39, 43, 49, 53, 59
- Herdwick-Schaf 19, 20, 38
- Heu .... 26, 30 ff., 42, 43, 55 ff., 68
- Hinsetzen 23, 34, 35
- Immunsystem 65, 74
- Impfung 42, 65, 73
- Jakobsschaf 20, 21, 26
- Kaiserschnitt 42
- Kalzium 68
- Kamerunschaf 16
- Kardieren 46
- Kehlgangsödem 70
- Kennzeichnung......................... 60
- Klauen 23, 31, 32, 34, 36, 59, 60, 66, 67, 69, 74
- Klauenschere 60
- Kokzidien 63
- Körpertemperatur 40, 66
- Kosten 23
- Kotprobe 70
- Kraftfutter 56, 58, 68
- Kreislaufversagen...................... 34
- Kupfer 27, 75
- Labmagen.......................... 51, 72
- Lacaune-Schaf 49
- Lamm ....13, 15, 16, 28, 32, 36 ff., 47 ff., 54, 55, 63, 65, 67 ff., 74
- Lammzeit 12, 32, 38, 39, 67
- Landschafe 10, 12, 19, 38, 44, 45, 56
- Leberegel.............................. 70

- Leckstein 27, 54, 55
- Liegeplatz 31, 32
- Lippengrind 74
- Listeriose 67
- Lungenwürmer 63, 70
- Maedi-Visna-Virus 67
- Magnesium 68
- Mangelerscheinung 27, 68
- Maul- und Klauenseuche 67
- Mehrlinge .... 12, 40 ff., 68
- Melken 41, 49, 55
- Merinoschaf 9, 16, 18, 19, 38, 45
- Milch 11, 41, 49, 68
- Milchkrankheit 68
- Milchlahmheit 68
- Milchschafe 11, 49, 55
- Mineralleckschale 54, 55
- Mineralstoffe 26, 27, 52, 54, 55, 68
- Moderhinke 31, 60, 61, 66, 69
- Mufflon 9, 21
- Mutter-Kind-Bindung 40, 42
- Muttertier .... 13, 16, 32, 37 ff., 49, 54, 55, 58, 67, 68
- Myasis 70
- Nabelentzündung 69
- Ohrmarke 44
- Ouessant-Schaf .... 10 ff., 45
- Pansen 51, 62, 65, 71, 72
- Pansenalkalose 72
- Pansenblähung 71
- Pansenstörung 51, 65, 71
- Pasteurellose 74
- Pflege .... 10, 16, 22, 23, 34 ff., 55, 59, 60, 69
- Platzbedarf 25
- Raufe 26, 32, 57
- Raufutter 31, 32, 56
- Ryeland-Schaf 15, 45, 77
- Schafbandwurm 63, 70
- Schafkäse 44
- Schafrotz 74
- Schafzuchtverband 44, 76
- Schatten 32, 54
- Scheren 22, 61, 62, 69

- Schermaschine 61, 62
- Schlachtung 37, 44, 48, 55, 65
- Scottish Blackface 14
- Scrapie 67
- Silage 68
- Skudde 14, 38
- Soay-Schaf 21, 22, 26
- Sommer 26, 32, 52, 54, 55, 58, 61, 70
- Spinnen 13, 15, 45, 46
- Stall .... 23, 24, 26, 28, 31 ff., 38 ff., 42, 53, 54, 56, 61, 65, 67, 69 ff.
- Stallapotheke 65, 71
- Steinschaf 17
- Stoffwechsel 51
- Tetanus 65
- Trächtigkeit 38, 54, 68
- Trennung 32, 34
- Umzäunung 16, 28, 29, 38, 42
- Verdauung 40, 51, 53, 71, 72
- Vergiftung 30, 75
- Verhalten 9, 30, 33, 39, 42, 66, 71, 75
- Verhaltensstarre 34
- Verkauf 43, 44, 46
- Verpaarung 38
- Versicherung 29
- Vlies 45, 46, 62
- Wärmelampe 40
- Wasser 25, 32, 42, 43, 45, 53, 55, 56
- Wechselbeweidung 23, 29
- Weide .... 11, 17, 20, 23, 25 ff., 37 ff., 42, 43, 52, 53, 55, 63, 68, 70, 72, 75
- Weidenetze 28, 29
- Wiederkäuen 51, 71, 72
- Winter .... 11, 18, 23, 26, 30, 38, 52 ff.
- Wolle .... 9, 11 ff., 18, 19, 36, 44 ff., 61, 62, 64, 70, 71
- Wurmkur 34, 36, 42, 50, 62, 63, 72
- Zähne 36, 37, 49, 51, 52
- Zeitaufwand 23
- Zibbe 23
- Zucht .... 9 ff., 14 ff., 23, 36, 38, 42 ff., 54
- Zusatzfutter 58
- Zwartbles-Schaf 11, 12

Ernten aus der Natur

Die Natur bietet ein reichhaltiges Angebot an Früchten, Kräutern, Pilzen und Heilpflanzen, die man nur zu finden wissen muss. Dieser praktische Ratgeber hilft dabei. Aussehen und Vorkommen jeder Pflanzenart werden ausführlich beschrieben.

80 Seiten, farbig, broschiert, ISBN 978-3 86127-670-8

Ziegen Treue Freunde mit Köpfchen

Ziegen sind schön, einfallsreich und die Clowns der Natur! Immer mehr Menschen entdecken die treuen und intelligenten Vierbeiner als Freizeitpartner, mit denen man viel Spaß haben kann. Dieses Buch enthält alle Informationen, die der Ziegenliebhaber für die artgerechte Haltung seiner Tiere und ihre Gesunderhaltung braucht.

80 Seiten, farbig, broschiert, ISBN 978-3-8404-3019-0

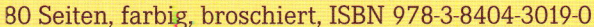

Stolze Hähne
und fleißige Hennen

Ein Buch für alle Hobbyhühnerhalter und solche, die es werden wollen. Dieser praktische Ratgeber zeigt, wie man Hühner im eigenen Garten artgerecht hält, pflegt und ernährt. Er bietet wertvolle Tipps für den Hühnerkauf und für den richtigen Umgang mit dem Federvieh.

80 Seiten, farbig, broschiert, ISBN 978-3-86127-674-6

Alte Nutztierrassen
Selten und schützenswert

Dieses Buch erklärt, warum Bunte Bentheimer Schweine, Schleswiger Kaltblüter, Englische Parkrinder und viele weitere alte Nutztierrassen dennoch schützenswert sind. In liebevoll illustrierten Porträts werden ausgewählte gefährdete Tiere verschiedener Arten mit ihren einzigartigen Besonderheiten vorgestellt.

80 Seiten, farbig, broschiert, ISBN 978-3-8404-3023-7

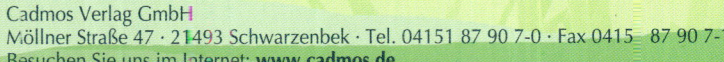

Cadmos Verlag GmbH
Möllner Straße 47 · 21493 Schwarzenbek · Tel. 04151 87 90 7-0 · Fax 0415 87 90 7-12
Besuchen Sie uns im Internet: www.cadmos.de